日常の見え方が変わる

ゆる
数学思考

池田洋介

河合塾数学科講師
プロパフォーマー

朝日新聞出版

はじめに

これは一般の方に向けた「数学」の本です。

「数学」とカッコつきで書いたのは、これがいわゆる通常の意味での数学書ではないからです。数式はほとんど登場しませんし、定理や公式を解説しているわけでもありません。さらにいえば、僕は数学者ではありません。予備校講師として、普通の人よりは長く数学に関わってきましたし、人に偉そうに数学を教えたりもしていますが、それだけで数学者を名乗るおこがましさは十分に承知しています。あえて看板を掲げるのであれば「数学者」ではなく「数学愛好者」でしょうか。いうなれば「アニメーター」と「アニメファン」の違いですね。

まぁ、数学が好きという時点で世間的には十分変わり者なのですが、それに輪をかけて風変わりな肩書を僕はもう1つもっています。それはパフォーマー、つまり芸人です。ジャグリング、パントマイム、マジックなどのノンバーバルな（言葉に頼らない）芸能が小学生のときからとても好きで、それを見様見真似で練習し始めたのがきっかけ。たいていそういう熱は成人する頃にはなくなっているものですが、僕の場合は大人になっても冷めず、すっかりこじらせてしまったわけです。そして、30代後半。僕のつくったあるオリジナルのアクトが世界的に大きな反響を得ます。その結果、現在は、劇場やクルーズ船のショーで海外を飛び回る日々を送っているのですから、人生とは不思議なものです。

そんな僕のところに本の執筆の依頼が来ました。数学の講師としての立場から、あるいはパフォーマーとしての立場から、数学の面白さや、数学が日常生活の中でどれほど役に立っているのかを一般の方にわかりやすく解説してくれませんかと、いうオーダー。正直、これは困ったぞ、と思いました。

僕はつくづく不思議に思うのですが、音楽が好きな人に「音楽がどれだけ役に立っているのか説明してください」なんていいませんし、アニメが好きな人に「アニメがどれだけ役に立っているのか説明してください」なんていいません。でも、数学となると、この言葉を何百万回も投げかけられてしまうのです。

「数学がなんの役に立つんですか」

　おそらくそれは、数学が絶望的に面白くないから、さらにいえば、面白くないうえにちっとも役に立っているように思えないから、という反発なのでしょう。「良薬口に苦し」ならまだ我慢できますが、まずいうえになんの効果もない薬を飲まされるとしたら、たまったものではありませんよね。

　もちろん「数学は実はこんなに役に立っているんだよ」という例をいくつか挙げて見せることはできます。でもそれって結局、数学の中の役に立つ部分「だけ」を上手に切り出して提示しているだけで、実際、純粋な数学の９割以上は、それがなくても日常生活にはなんの支障もないというのは紛れもない事実なんです。もし数学が社会生活や人間関係において本当に役に立つのであれば、僕だってもう少し器用な生き方ができているはずですからね。

　でも考えてみれば、僕も高校時代に似たようなことをいっていた気がします。

「歴史ってなんの役に立つんですか」

「地理ってなんの役に立つんですか」

　これについて、少しお話しさせてください。

　数年前の夏、イタリアの小さな街で仕事をしたあとに、パフォーマー仲間何人かと観光をすることになりました。初日はフィレンツェで大聖

堂や美術館を満喫。次の日はレンタカーを借りてチンクエテッレという海辺の街までドライブです。高速道路を走るクルマの窓から外を見ると、遠くにアルプスの雄大な山並みが見えます。不思議だったのはその山頂が真っ白に輝いていたことです。

「さすが、高い山の上は夏でも雪が積もっているんですねぇ」

僕の何気ないつぶやきに、同乗者の1人がこう返しました。

「あれは雪ではなくて大理石なんですよ。アルプスの造山活動によってこの辺りはいい大理石がたくさんとれるんです」

ああ、それは高校の地学の授業で習ったことがある。アルプス山脈というのはアフリカとユーラシアの2つのプレートがぶつかり合うことでできたもの。そして大理石というのは石灰岩が高い熱や圧力で変性してできたものだったっけ。おぼろげな記憶を頭の奥から引っ張り出していたときに、別の人がこうつなげたのです。

「そうか、だからフィレンツェは芸術の街になったのかもしれないですね」

僕はその言葉に心底はっとしたのです。

確かにそうだ。昨日見てきた大聖堂も数々の工芸品も、すべて美しい大理石でできていた。それは決して偶然じゃない。ここが、プレートがぶつかる場所であったから、ここで良質な大理石がとれたから、ここに職人や美術家が集まったから。規模感も時代感も違うバラバラの情報が、まるでよくできた謎解きのように1つの線につながって、その瞬間、世界の明度が一段階増したような、なんともいえない感動を覚えたのです。

僕1人だったら「山の頂が白いな」で終わっていたはずの景色。でもそこに地質学というレイヤー、歴史というレイヤー、美術というレイヤーを被せることで、まるでモノクロームの写真に次々に色が加わるように世界が彩りを増す。大げさでもなんでもなく僕はこれこそが学ぶこ

との意味だとわかったのです。なにかを知るということは世界に新しいレイヤーを加えること、世界に新しい色味を加えることなのだ、と。

「数学がなんの役に立つんですか」

　いまなら僕はこう答えます。数学は役に立たないし、知らなくても困らない。でも、知る前と知った後では、見慣れた景色がきっと違って見えるはず。だって数学が教えてくれるのは、詰まるところ、この世界をどう捉えるのかということなのだから。そんなレイヤーの1つに、数学はなり得るものなのですよ、と。

　僕はこの本で数学そのものについて語るのではなく、数学が好きな人がどんなふうに世の中を見ているかという「視点」について語ろうと思いました。日常の暮らしの中で感じる「不思議」なこと、「面白い」こと。その中に共通項を見つける。その理由を考える。そこに唐突に「数学のようなもの」が立ち上がってくる。そのゾワッとする感覚、見慣れた景色にじんわりと色がつく快感を、みなさんに体感していただきたいと思ったのです。

　この本はさまざまなテーマ、さまざまな切り口からなる13の章でできています。各章の間には多少関連があるものもありますが、基本的にはどの章から読んでも大丈夫です。また、各章の「扉絵」にはその章の内容と関連するちょっとした謎掛けがあり、本文を読み終えれば、自ずとその意味がわかる構成になっていますので、パラパラとめくって、ぜひ、興味の湧いたものから自由な順番で読んでいただければと思います。

　読み終えたときにみなさんの世界の色合いがほんの少しでも変わったとすれば、それは著者としてこのうえない喜びです。

池田洋介

INDEX

はじめに　002

テーマ 01

逆さ文字と鏡文字
頭の中で回転させる　009

逆さ文字とメンタルローテーション
文字や地図を
正しい向きに補正する　010

鏡の国のローテーション
高機能な脳が起こす誤作動　013

体と記憶の対称性
左手と右手の記憶は
左右対称になる？　016

COLUMN　ゆるい用語事典①
余白がないので書けない　018

テーマ 02

やわらかい幾何学
異なるものを同じとみなす　019

逆さ文字と同一視
数学的に同じということ　020

何を同じとみなすか
同一視で世界の見え方が変わる　023

COLUMN　ゆるい用語事典②
有理数　027

COLUMN　ゆるい用語事典③
四色定理　028

テーマ 03

思考の階層構造
枠の外側から考える　029

客観とメタ
問題を抱える自分を外から
眺めてみる　030

メタ情報の処理
言葉には表と裏の意味がある　033

フィクション世界とメタ構造
現実と虚構を隔てる「第4の壁」　034

メタと数学
数学について考える数学　038
論理パズルに挑戦しよう　040

COLUMN　ゆるい用語事典④
これは読者への宿題としておく　041

テーマ 04

認知と方向
動いているのはどちらか　043

上下の認知
それぞれの頭の中で
動かしているもの　044

時間と空間
なぜ「前」「後」の捉え方が
変わるのか　047

順操作と逆操作
ゲームの世界で起こるカメラ操作問題　051

COLUMN ゆるい用語事典⑤
悪魔の証明　054

テーマ 05

不変量
変わらない量に注目する　055

悪魔の証明と不変量
「できない」の証明はできない?　056

幾何の不変量
ファンタジー世界に
不可能はあるか?　062

COLUMN ゆるい用語事典⑥⑦
エレガント／エレファント　070

テーマ 06

パリティと偶奇
世界を2つに分けてみる　071

等価な2択
人生にはさまざまな2択がある　072

「順列」と「互換」
隠れたところに潜む偶奇性　075

パリティの壁
パズル王サム・ロイドが仕掛けた罠　078

COLUMN ゆるい用語事典⑧⑨
限りなく／収束　084

テーマ 07

指数と刺激量
違いの大きさを決めるのはなにか　085

等質化される時代
遠い出来事ほどざっくりまとめられる　086

ウェーバー・フェヒナーの法則
刺激の量は「比」によって決まる　090

指数と感情
格闘漫画で「強さインフレ」は
なぜ起こるのか　093

COLUMN ゆるい用語事典⑩
イデア　097

COLUMN ゆるい用語事典⑪⑫
素数／合成数　098

テーマ 08

自然科学と帰納法
世界のルールを推測する　099

帰納と経験則
具体例からパターンをつかむ　100

科学界におけるパラダイムシフト
帰納は実証することができない　103

COLUMN ゆるい用語事典⑬
予想　109

COLUMN ゆるい用語事典⑭
仮定　110

テーマ 09

公理と演繹
数学における「正しさ」とは　111

数学の信頼性
2000年前の数学はオワコン!?　112

数学者と帰納法
ワインに泥水を一滴垂らせば、
それは泥水になる　118

COLUMN ゆるい用語事典⑮
公理　121

COLUMN ゆるい用語事典⑯⑰
アルキメデスの公理／平行線の公理　122

テーマ 10

価値と相対
価値とは相対的なものである　123

価値判断の基準
基準が変われば見え方が変わる　124

どちらを信頼するか
脳は見慣れているものを選択する　127

パントマイムと錯覚
パントマイムは人の価値基準を
動かすことで成り立つ　131

COLUMN ゆるい用語事典⑱
小さくないほう　136

テーマ 11

情報の非対称性
「知っている」ことを知っている　137

情報の格差
人のもっている情報には差がある　138

戦争と情報
情報の非対称性は
一方にとって有利に働く　141

コモンナレッジ
情報の対称性が
生み出す無限の入れ子構造　144

COLUMN ゆるい用語事典⑲⑳
ユニーク／トリビアル　148

テーマ 12

数学的帰納法と入れ子構造
問題の中に同型の問題を見つける　149

「増やす」と「入れる」
単純な構造を複雑にする方法　150

数学的帰納法
ある問題は
それより小さい問題に帰着できる　157

COLUMN ゆるい用語事典㉑
一般化　160

テーマ 13

合理と不合理
合理から不合理が生み出される　161

合理な不合理
理性的に深く処理すると
理不尽が生まれてしまう　162

不合理な不合理
AI は刑事ドラマの夢を見るのか　170

COLUMN ゆるい用語事典㉒㉓
背理法／
もっと抽象的に話してください　175

テーマ 01 逆さ文字と鏡文字
頭の中で回転させる

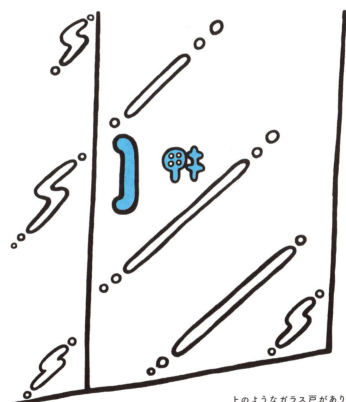

上のようなガラス戸がありました。あなたはこの戸を押すべきでしょうか。引くべきでしょうか。

解説は **P.017** へ！

逆さ文字とメンタルローテーション
文字や地図を正しい向きに補正する

　予備校の数学講師にとって、授業と授業の合間に生徒の質問に対応するのも、大切な業務の1つです。質問に来た生徒は講師と対面する形で座り「先生、この問題がよくわからないのですが」「どれどれ、あ〜これはね……」なんてやるわけですね。言葉だけでは伝わりにくいときは、余ったプリントの裏かなにかに実際に数式を書いて説明します。このときにちょっとした小ワザがあって、その数式を、生徒から見たとき正しい向きになるように、つまり<u>先生にとっては上下逆さま</u>の向きに書いてみせるのです。生徒は少なからずびっくりします。

$$\int_{\varepsilon}^{x} e^3 dx = \frac{1}{4}x^4$$

　これは何度も質問対応をしているうちにいつの間にか身についてしまった特殊能力なのですが、あるとき講師室でほかの先生にも聞いてみたところ「私もそれできますよ」「あ、私も」と次々に能力者たちが名乗りを上げてきました。中にはひらがなや英単語まで反対向きにすらすらと書いてしまう強者も出現し、その思いがけない異能力合戦でその場は大いに盛り上がりました。

　この、上下が逆になった文字を「**逆さ文字**」と名づけることにしましょう。逆さ文字は、「書く」のはそれなりの修行が必要ですが、「読む」だけであれば練習しなくても意外とできてしまうものです。試し

に下の四角の中の文章を、本の向きを変えずに、できれば声に出して読んでみてください。

> 乙（代理人、使用人等を含む。）は、この契約書記載の業務に関して知り得た秘密を他人に漏らし、又は他の目的に使用してはならない。この契約書の終約期間終了後及びこの契約の解除後も同様とする。

契約書などでよく目にする定型文です。お堅い文章なので、多少時間がかかったかもしれませんが、ほとんどの人は問題なく読めたのではないでしょうか。

例えば携帯電話を購入するとき、スタッフがあなたの目の前に契約書を広げ、丁寧に読み上げていくことがありますよね。ほぼ「儀礼」的なものですが、このときふと気づくのは「この人は今、逆さ文字の文章をよどみなく読み上げる、という意外と高度なことをしているぞ」という事実です。

さて、私たちが逆さ文字を曲がりなりにも書いたり読んだりすることができるのは、人間の脳が備えている、図形を回転したり移動したりして自分にとって適正なポジションに変換する機能のためだといわれています。これを少し難しい言葉でメンタルローテーション（心の中の回転）といいます。逆さ文字を読む間、あなたの脳みそはフル稼働でその字を正しい向きに補正してくれていたわけですね。

メンタルローテーションの別の一例として、見知らぬ土地をスマホの地図を見ながら歩くときを挙げてみましょう。そこには下図のように、自分の位置と進んでいる方向、そして目的地までの道順が表示されています。さて、あなたは次の交差点を右左どちらに曲がればいいか、瞬時に判断できるでしょうか。

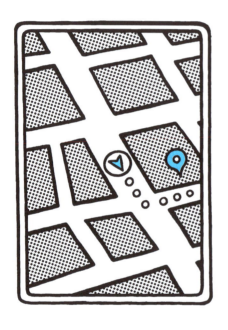

答えは「左」です。紙の地図であれば進行方向に合わせて地図を回転させることができますが、それを**頭の中だけで実行するのがメンタルローテーション**です。

この補正は、逆さ文字のときよりも難しいと感じる人が多いのではないでしょうか。地図は文字よりもずっと情報が多く、情報が多いほど頭の中で回転させづらくなります。いわば「処理が重くなる」わけですね。このとき僕がよくやるのは地図上の矢印を飛行機の機体に見立て、そのコクピットに乗っている自分を連想するということ。矢印と自分をシンクロ率100%にする感じです。いったい何をいっているんだ？と思うかもしれませんが、ぜひ一度お試しあれ。この連想で、僕は右左の判別が瞬時にできるようになりました。

鏡の国のローテーション
高機能な脳が起こす誤作動

　もう1つ、私たちにとって身近なメンタルローテーションがあります。それは**鏡像**にまつわるものです。

　鏡文字は、日常の中で目にすることが少なくありません。例えば、ガラス戸に書かれた「会議室」の文字は部屋の中から見れば鏡文字ですし、回転式印鑑の日付を合わせるときに目にするのは数字の鏡文字です。

　さて、数学的に見たとき鏡文字と逆さ文字には明確に違う点があります。それは**逆さの関係にある2文字は平面上で動かして重ねることができるのに対して、鏡文字ではそれができない**ということです。例えば、小文字のアルファベットのpとdは回転させれば重ね合わせることができますが、bとdはどう動かしても絶対に重なりません。重ね合わせようとすれば、文字をステッカーのように紙からペロリと剥がして「引っくり返す」という操作が必要になるのです。メンタルローテーションの観点からいえば**「逆さ文字」は平面的な変換、「鏡文字」は空間的な変換**なのですね。

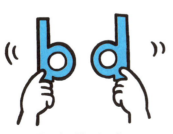
平面上で動かしても
重ねられない

持ち上げて引っくり返すと
重なる

そんな高度なローテーションを、私たちの脳が意外とすんなりと実行してしまえるというのはとても不思議です。ただ、面白いのはその処理が誤作動を起こすことがあるということ。例えば次の鏡文字を読んでみてください。

　これ、結構な割合の人が「ちか（地下）にあるお店」と読みます。でも、実は正解は「さか（坂）にあるお店」。ホントかどうか確かめたいなら、実際に洗面所で鏡に写してこの文字を読んでみてください。なぜこのような勘違いが起こったかというと「さ」の鏡文字がそのまま「ち」と読めてしまうからです。違和感のある文字については、脳はすぐにそれを補正しようとしますが、**違和感なく読めてしまう文字は補正せずに素通りさせてしまう**ようなのです。

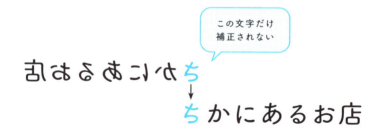

同様のことは「逆さ文字」でも起こるのでしょうか？　実は、その答えはすでに出ています。ここで1つ白状しておくと、**P13で読んでもらった逆さまの「契約書」。実はあの文章に、ちょっとしたトリックを仕掛けておきました。**何も気がつかなかった、という人のために同じものを正しい向きにしたものを用意しましたので、ぜひ読んでみてください。

> 乙（代理人、使用人等を含む。）は、この契約書記載の業務に関して知り得た秘密を他人に漏らし、又は他の目的に使用してはならない。この契約書の契約期間終了後及びこの契約の解除後も同様とする。

　まったく同じ現象が、文字だけでなくイラストに対しても起こる例があります。下の絵は普通の女性の顔に見えますが、本をひっくり返して正しい向きにしてみると……思わずギョッとしてしまうはずです。

　人間の脳はとても高度ですが、高度がゆえに引き起こされるバグもあるのです。

体と記憶の対称性
左手と右手の記憶は左右対称になる？

　もう1つ、最近発見した面白い脳の「バグ」を。僕はスマホで文字を打つときは左手でスマホを支え、右手の人差し指でフリック入力を行っています。「あ」の文字の部分を押さえて左にはじく(フリックする)と「い」が、右にはじくと「え」が出るという日本語独特の文字の入力方式です。

　ところが先日右手を少し痛めてしまい、この操作を左手でやらなければならないという事態になりました。左右逆でもやることは同じなのだからすぐに慣れるだろうと高を括っていたのですが、やり始めて何かが変であることに気づきました。「い」と入力しているつもりが「え」になっ

たり、「ね」と入力しているつもりが「に」になったりする。要するに**右左のフリックがどうしても逆になってしまう**のです。ちゃんと動きを考えて、ゆっくり操作すれば問題なくできるのですが、無意識でやろうとすればするほどこの現象が多発してしまいます。

　ここで僕が立てた仮説は**「左手は右手の記憶を鏡写しでもっている」**のではないかということです。これには1つ思いあたることがあります。それは僕が3つのボールのお手玉(ジャグリング)を練習していたとき。ジャグリングには右手と左手が違う動きをするような**非対称なトリック**があるのですが、右手が主体となるトリックを数日かけ

て習得したのちに、今度は同じ技を左手でも練習しようとしたところ、なんとほんの数時間の練習で簡単にできるようになったのです。右手で練習したことを、なぜか左手はすでに「知っていた」わけですね。

　これと同じことが先程のフリック入力にも起きているのではないかと思うのです。右手でやり慣れたことの経験がいつの間にか左手にも共有されていて、でもその動きは左右反転されている。ですが、フリック入力の方向は当然そのままなので、そこで不思議な認知のズレが生じてしまったのです。

　「右側通行」の海外で「左ハンドル」の車を運転するのは慣れてしまえば意外と簡単だ、という話を聞きます。それは日本での運転で、体が覚えていることをすべて鏡写しに反転してしまえばいいからです。むしろ事故が起きやすいのは「左側通行」の日本で「左ハンドル」の車を運転するときだそうで、これがまさに右手で使い慣れたフリック入力を左手で行うときの感覚なのだと、妙に納得してしまいました。

扉 の 解 説

扉の表示は向こうから見たときに「押」に見えるように書かれているので、こちらからは扉は「引く」のが正解です。この複層的な判断を瞬時に行えるヒトの脳というものは、つくづくすごいものだと感心させられます。

COLUMN
ゆるい用語事典 ①

余白がないので書けない

数学者フェルマーが、ある本に次のような数学の定理を書き残した。

> ### 3以上の整数 n に対して
> ### $x^n+y^n=z^n$
> ### となる整数 x、y、z は存在しない

　その後ろに添えられたのが、表題の言葉。より正確には
「この定理に関して、私は真に驚くべき証明を見つけたが、この余白はそれを書くには狭すぎる」。
　もしタイムマシンがあるのなら、うちの職場に有り余っている裏紙を、ぜひフェルマーに届けてあげたい。同じことを切望した数学者は星の数ほどいるに違いない。なぜなら「この定理」とは、その後1994年にワイルズによって解決されるまで、実に360年にわたり数学者を苦しめた難問、いわゆる「フェルマーの大定理」なのだから。
　ワイルズの証明には現代数学のさまざまなテクニックが駆使されており、フェルマーが実際にこれを本当に「見つけて」いたとは考えにくい。しかしこの言葉に惹きつけられ、その余白を埋めようとした多くの数学者の努力が数学の発展に大きく寄与したのも事実である。この偉大なる捨てゼリフは数学界で最も有名なミームとなっている。
　数学の問題の解答がまったく思いつかないときはぜひ使ってみよう。

類語
「宿題やったんだけど、家に忘れてきました」。

やわらかい幾何学

異なるものを同じとみなす

テーマ 02 異なるものを同じとみなす

マグカップに、上図のように輪ゴムを取りつけることができるでしょうか？ 実際にマグカップと輪ゴムを用意して挑戦してみましょう。

解説は P.026 へ！

逆さ文字と同一視
数学的に同じということ

　前項の文章を書いていて、1つ思い出したことがあります。幼児が文字を書き始めたとき「**鏡文字**」や「**逆さ文字**」を書く現象がよく観察されるという話です。例えばひらがなの「の」を「⌒」と書いたり、数字の「5」を「ƨ」と書いたりする。その横に正しい字と並べて「違うよ」と指摘しても、子どもたちはピンとこないような顔をするらしいのです。

　これは子どもたちの頭の中で「の」と「⌒」と「⌒」が「**同じもの**」と**認識されている**ことを意味します。この認識は数学的に見ても理にかなっています。**数学において2つの図形が同じ（合同）であるというのは「平行移動、回転、裏返しという操作によって重ねることができること」**です。例えば、下の3つの三角形は、数学的にはすべて「同じ」と捉えます。これは子どもの文字の捉え方とまったく同じですよね。

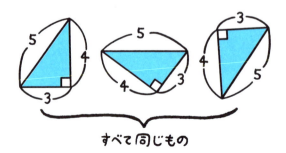

すべて同じもの

「異なるものを同じとみなす」という考え方を**同一視**といいます。これは決して特別なものの見方ではありません。例えば「誕生日」という言葉について考えてみましょう。厳密にいえば、誰かが「誕生した日」は、その人がお母さんのお腹からおぎゃあと生まれた、まさにその日だけです。にも関わらず「今日は僕の誕生日です」という言葉を私たちがとても自然に受け止めることができるのは、カレンダーの日付が同じ日、つまり、<u>ある一定の周期で現れる天体の状況が似通った状態になる日を「同じ日」とみなす、同一視が働いている</u>からにほかなりません。

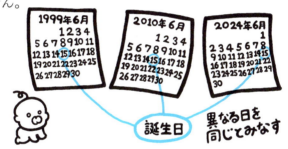

　国語の先生が授業中に教科書をもち、「この本の 27 ページの 5 行目から読んでください」とあなたを指名したとき、あなたは先生の教科書を取って読もうとは思いません。あなたはあなたの教科書の該当箇所を読みますし、クラスメイトは自分の教科書を目で追います。

　1 人ひとりがもっている教科書は物体として見れば違うものです。でも先生が「この本」といったとき、それは先生が手にしている本のことではなく、その本と同じ内容の手もとの本のことであると、容易に察することができます。ここにも<u>「印刷内容が同じ本は同じ本とみなす」という同一視が働いている</u>ことに気がつきます。

このように「同一視」はほぼ無意識レベルで私たちの物事の捉え方に関わっているのです。これは数学とも無縁ではありません。
　例えば「3」という数について考えてみましょう。子どもの頃、絵本を見ながら「3羽の鳥」や「3個のみかん」や「3冊の本」を数え始めたとき、それらはまだ異なる事象にすぎませんでした。ところがある日、それらが同じ「3」であることに気がつきます。さまざまな異なる事象が「同じもの」とみなされ、それらに潜む共通の性質が「3」として取り出された瞬間、私たちははじめて「3」という数を獲得するのです。
　このように、すべての数学的対象というのは「何を同じとみなすか」によって規定されます。数学者ポアンカレは
　　「数学とは、異なるものに同じ名前をつける芸術である」
といいました。「同一視」は数学と無縁でないどころか、数学そのものであるといっても過言ではないのです。

何を同じとみなすか
同一視で世界の見え方が変わる

　先程、2つの図形が「同じ」であるとは「平行移動、回転、裏返しという操作によって重ねることができること」であるといいました。**そのような操作によって不変であるような性質を考えていこう**というのが「通常の」幾何学です。例えば私たちが「図形の面積」という概念を考えることができるのは、それが「平行移動、回転、裏返し」という操作によって変化しないものだからですね。

　「何を同じとみなすか」という基準の設け方は、**自分で変えてしまってかまいません。**そこが数学のとても自由なところ。そしてそれ次第で世界の見え方はまったく変わってくるのです。

　例えば、**すべての三角形は同じとみなす**、という同一視だってあっていいはずです。輪ゴムを3つのピンで固定してできている三角形は、ピンの場所を変えることで自在に形を変えますが、それらをすべて「同じ」とみなしてしまうのです。こうなるともはや「面積」という概念は存在しなくなりますね。一方で、このように三角形をぐにぐにと動かしても変わらないようなものとは何だろうか、と考えていけば、そこから**三角形というものがもつ普遍的な性質**が立ち上がってきます。

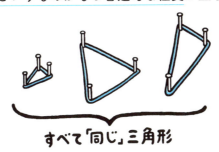

すべて「同じ」三角形

この考え方の先にあるのが**位相幾何学（トポロジー）**という数学です。ここでの同一視は「**すべての物体は無限に伸縮できるゴムのような素材でできている**」として、その素材を伸ばしたり縮めたりして（切ったり穴を開けたりはダメ）お互い移りあう形はすべて同じものであるとみなしてしまおう、という大胆にも程があるものです。

　「**数学者にはドーナツとコーヒーカップの見分けがつかない**」というのは有名なジョークですが、これは、ドーナツの形を下のようにぐにゃぐにゃと変形させていくとコーヒーカップになってしまうからです。トポロジー学者にとっては確かにこの２つは「同じ形」です。

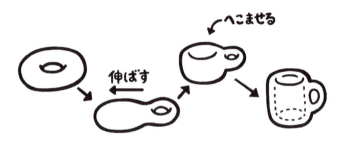

　同じようにして、めがねのフレームはトートバッグになります。

トラはバターになります。

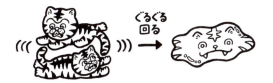

気になるのはこんな「ぐにゃぐにゃ」な幾何学に何の意味があるのか、ということです。この世界では通常の幾何学では重要視される長さ、角度、面積、体積といった量が、完全に意味をもたなくなってしまいます。では逆にそういうものを取り除いたときに浮かび上がってくるのは何でしょうか。それは**点と点の**「**つながり方**」のようなものです。

これは実は、とても現代的なテーマでもあります。例えばコンピュータネットワークの世界ではコンピュータ同士のつながり方だけが重要で、それが同じであれば隣の部屋にあるパソコンも地球の反対側にあるパソコンも、まったく同等の意味をもってしまいます。**実際の距離の違いを意識しないコンピュータネットワークの世界は、まさしくトポロジー**です。

一般の人にとって数学者は「単純なことを複雑にする人」に思えるかもしれません。でもそれはまったく逆。大胆な「同一視」で表面的な情報を切り捨て、その奥に潜む本質を浮かび上がらせる。その**「引き算」こそ数学の美学**なのです。

扉の解説

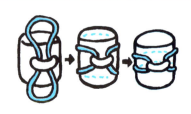

可能です。それは右図のようにコップの取っ手を横にして考えてみると、とてもわかりやすくなります。ほんのちょっとした見方の違いで、不可能性がまるっきり違って見えるのが面白いですね。

※この問題は以下の投稿を参考にしています。
@nekonobunseki
https://x.com/nekonobunseki/status/1751465525862150202

COLUMN
ゆるい用語事典②

有 理 数

　有理数とは、1/2 や 3/5 のように整数の比として表せる数のこと（もちろん分母は 0 であってはいけない）。

　ちなみに有理数は英語で「rational number」という。これを誰か偉い人が「合理的な数」と解釈し、「有理数」と命名した。しかし上の説明からもわかるように rational は「ratio(比) で表せる」という意味に解釈するのが正しい。気づいたときにはもう手遅れなほど広まっていたのか、あるいは偉い人があまりに偉すぎて誰も言い出せなかったのか、この数学用語はいまや日本の数学界において最も有名な誤訳として定着してしまった。

　そのあおりをもろに受けたのが、有理数の対義語である「無理数」。数直線上に存在するれっきとした数であるにも関わらず、「無理」というレッテルを貼られたおかげで、「無理ならやめとけばいいのに」「生理的にも無理数」などと、いわれなき誹りを受けることになってしまった、とても可哀想な数である。

　関係ないが、僕も大学のレポートを書いているときに「positive number(正の数)」を「積極的な数」と訳してしまったことがある。おそらくなんの躊躇もなく LINE のアドレス交換を切り出せたり、飲み会の幹事を進んで引き受けてくれたりするような数なのだろうと。もし、僕が数学界の重鎮であったら、「正の数」「負の数」の代わりに「陽キャ数」「陰キャ数」という言葉が定着していただろう。危ないところであった。

テーマ
02

異なるものを同じとみなす

COLUMN
ゆるい用語事典③

四色定理

47都道府県の日本地図を、隣り合う都道府県が同じ色にならないように塗り分けるとき、何種類の色が必要だろうか。答えは4色あれば十分である。

市町村まで細かく分割したらどうだろう。これも4色あれば塗り分けられる。実はアメリカ合衆国の50州だろうが、世界の200カ国であろうが、あるいは実在しないネバーランドの地図であろうが、平面上のどんな地図も4色あれば塗り分けることが可能なのだ。

塗り絵ができる子どもなら誰でも気づくことができるほど単純なこの法則は、しかし長い間、誰も証明することができない難問「四色問題」として知られていた。1976年にこの定理は2人の数学者によって証明され「四色定理」となる。しかしこの長年の未解決問題の解決を数学界がスタンディングオベーションで迎えたかというとそうではなかった。

なぜならこの問題の解決に決定的な役割を果たしたのは、コンピュータだったから。パターンをある程度絞り込み、それでも人の手で調べるにはあまりに膨大なしらみつぶしをコンピュータが行った。コンピュータがはじき出した答えは「どれも塗り分けられる」。晴れてこの定理は解決されたということである。

多くの数学者がこう感じた。

なんか釈然としない。

ウルトラマンがスペシウム光線で怪獣をやっつけたときの爽快感がない。むしろ怪獣を撲殺したみたいな後味の悪さである。

それでも証明は証明。それでも恋は恋。でも気分的には認めたくない。その後、多くの議論を巻き起こし、「四色問題」問題となった。

思考の階層構造
枠の外側から考える

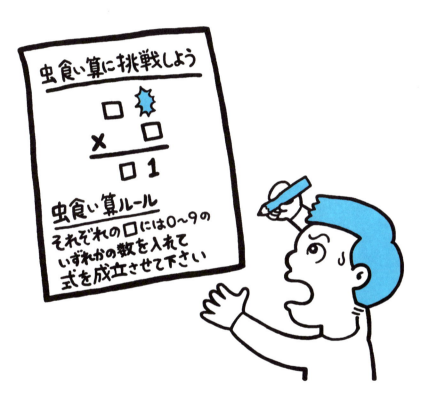

虫食い算の問題用紙を虫がかじってしまい、「虫食い虫食い算」ができてしまいました。実は、この状態でももとの「虫食い算」を解くことは可能です。ぜひ、考えてみてください。

客観とメタ
問題を抱える自分を外から眺めてみる

　中学生の頃に「ワクワク作文」という課題がありました。毎週、なんでもいいから自由に題材を決め400字詰めの原稿用紙を埋めて提出しろというもの。いわゆる自由作文ですね。僕にとってはワクワクどころか、大変な苦行でした。

　テーマを決めてもらえれば、それに向けてなんらかを書くことはできるのですが、**「なんでもいいから自由に」といわれると途端になにを書いていいのかわからなくなってしまう**。「夕日に向かって走れ」といわれれば全力疾走できても、「どこかに向かって走れ」といわれると、すぐに走り出すことはできないのが人間です。

　ただ、こういうときに使える奥の手が1つあります。それは
　　　　「なにも書くことがない」ということについて書く
ことです。なにか書こうにもなにも思いつかず、原稿用紙をにらみながらただただ時間だけが過ぎていく。その自分の現状をありのままにつらつらと書いていくのです。そうすると意外にも400字などはあっという間に埋まってしまいます。それを証拠に、冒頭からここまでの文字数はすでに400字を超えています。

　そんな手は1回しか使えないじゃないか、と思うかもしれませんが安心してください。次の自由作文では
「『なにも書くことがない』ということを書く」ということについて書く
わけです。4行上までの文章が、まさにそれです。

　お察しの通り、これは際限なく繰り返すことができます。次は

「『{なにも書くことがない} ということを書く』
ということについて書く」ことについて書く

ことになります（前ページの最後の５行がそれにあたります）。ちょっと頭がクラクラしてきましたね。かくして僕はなにも書くことがないところから無限に「書くこと」を生成するシステムをつくり出すことに成功しました。その結果、書き上がるのは、おそらく世界で最も中身のない文章です。

こういうものの見方は、僕は昔からとても好きなのです。自分の抱えている問題に対して、その「問題を抱えている自分」を外から眺めるもう１人の自分をおく。そのような**俯瞰した視点や考え方**を、少しカッコつけた言葉で**メタ視点**とか**メタ思考**などといいます。

「客観視」に近いですが、単に物事を外側から見るというより、**物事を見るレイヤー（階層）が変わる**というニュアンスが「メタ」には含まれます。

とあるテレビ番組で出題された次のクイズの答えを考えてみてください。

> ブロッコリーとレモン。100gあたりのビタミンCの含有量が多いのはどっち？

　直感としては「レモン」と答えたくなるのですが、クイズに慣れている人ならここからもう1段階思考を前に進めるのではないでしょうか。
　もし、この問題の答えが本当に「レモン」だったとしたら、わざわざこんなことをクイズにするだろうか？　比べるにしても、せめて「キウイとレモン」のように、どちらもビタミンが豊富そうな食材をもってくるはず。ここであえてブロッコリーをもってきたのは意外にもブロッコリーにはビタミンCがたくさん含まれているという事実があるからに違いない。よって、答えは「ブロッコリー」。
　はい、ご明察。答えは確かにブロッコリーでした。
　このように問題の答えを**問題そのものからではなく問題の外側にある情報から推察する**ことがあります。「問題を考える」のではなく「『問題を考える人』のことを考える」。思考のレイヤーが1段階上がるという感じがわかりますよね。これが**メタな視点**であり、**メタな思考**なのです。

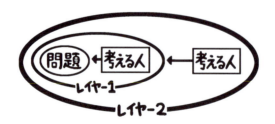

メタ情報の処理
言葉には表と裏の意味がある

　人と人の間のコミュニケーションにも「メタ」は使われます。日本には昔から「本音」を「建前」に覆い隠して伝える文化がありますが、ある言葉の表向きの意味の背後に隠れている別のメッセージを「メタメッセージ」と呼びます。発信する側はメタメッセージを耳障りのいい言葉に置き換えて伝え、受け取る側はその言葉の裏にあるメタな意味を読み取る。結果、表面的に見えているのとはまったく違うコミュニケーションが、1つ上のレイヤーでは行われている、なんていうことも珍しくありません。

メタメッセージをはんなり包むことで知られるのが、京ことば。有名なのは京都のお宅を訪問した際、「まあ、ぶぶ漬け(お茶漬け)でも……」といわれたら、それは帰宅を促されている、というもの。

お茶漬け→もう夕飯時→はよ帰れ

って、京都人のメタ、極まりすぎていてちょっと怖いです。ちなみにその言葉を真に受けて「じゃあ、せっかくなので」とお茶漬けを催促してしまう「京の茶漬け」という噺（はなし）が上方落語にあります。メタメッセージは文脈を共有していない人の間ではいらぬ騒動を生むのでくれぐれもご注意を。

フィクション世界とメタ構造
現実と虚構を隔てる「第4の壁」

　ここからは小説や映画、演劇など、フィクションの世界で用いられる「メタ」について見てみましょう。

　舞台芸術の世界では「**第4の壁**」という言葉が知られています。舞台空間を部屋とみなしたときに、第1の壁とは舞台背面にある壁、第2・第3の壁とは舞台側面にある壁のこと。そして第4の壁とは、**舞台と観客席の間にある（と想定する）「透明の壁」**のことを指します。いわば「現実世界」と「虚構世界」の境界線。私たちはこの透明のガラス窓を通してフィクションの世界を覗き見ている、というイメージですね。舞台の場合は仮想上のものですが、テレビや映画であればモニターやスクリーンという物理的な壁が、これに相当します。

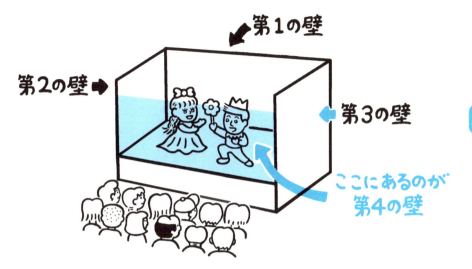

　当然ながら「虚構世界」の住人は自分たちが覗かれていることを知りませんし、現実世界に働きかけてくることもない……はずなのですが、ときどきこの不文律が破られることがあります。例えば舞台の上の探偵役に突然、スポットライトがあたり、探偵が観客に向き直って「いや〜、今回は難事件でした」なんて語りかけてくるようなケース。観客からすれば、こちらが一方的に覗いていると思っていた人に覗き返されたみたいな気がして、ちょっとドキッとしてしますよね。

　このような演出を「**第4の壁を破る**」といいます。

　似たような例として、虚構の中にいる人が虚構の中にいることを意識しているような発言をすることもあります。例えば漫画の中の登場人物が「まさか、漫画じゃないんだから」といったり、「お前を倒すのにはあと1ページもあれば十分だ」といったりするのがそれ。

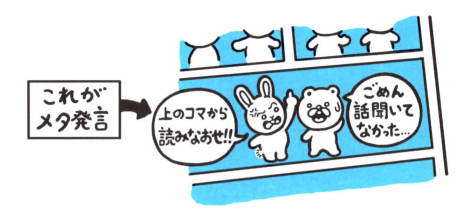

　このようなメタな演出は、フィクションがつくり出す「世界」に対して「その世界を見ている自分」という1つ上のレイヤーを、観客に否応なく意識させます。

　裏を返せば観客に「いま見ているものはつくりものですよ」とわざわざ強調する行為でもあるわけです。物語に集中している観客にとっては雑音にもなりかねないのですが、一方で、このような表現にしか生み出せない独特の「心がザワザワする感覚」があるのも事実です。

　この感覚がとりわけ強く発動するのは<u>「内側」の世界と「外側」の世界が相似になっている場合</u>です。例えば『SHIROBAKO』はアニメシリーズ制作に携わる人々を描いた作品ですが、その作品自体もアニメシリーズ、つまり

アニメシリーズをつくる人についてのアニメシリーズ

という<mark>メタ構造</mark>をしています。私たちはそのアニメの登場人物の奮闘に一喜一憂しながら、同時にいま自分が観ているこのアニメ自体もそのようにしてつくられている、ということに気づいてはっとさせられます。フィクションが現実を侵食してくることで多層的な解釈が生ま

れるのがメタの魅力でもあります。

同様の相似構造というのは、ほかにもいろいろとつくれます。

劇中劇

夢を見ている夢

ミステリー小説家が主人公のミステリー小説

冒頭の「なにも書くことがないことについて書く」もこの構造をもっています。そしてそこでも見たように、この構造は**相似であるがゆえに何重にも重ねることができます**。

劇中劇中劇中劇中劇……

夢を見ている夢を見ている夢を見ている夢を見ている夢……

1つの相似な構造はその先に無限の広がりを連想させる。これは向かい合わせの鏡を覗いた先に無限の奥行きが見えるのと似ています。

フィクションの「外側」に私たちの現実があるように、私たちの現実にもやはり「外側」があるのではないか。そしてその「外側」にもまた別の「外側」があって……。そんな想像は、僕の心を心地よくザワザワさせてくれるのです。

メタと数学
数学について考える数学

　通常の数学に対して、**メタ数学**、つまり**数学について考える数学**というものも存在します。

　ものすごくわかりやすくいえば、「1 + 1 は何か」を考えるのが普通の数学であるとすれば、「1とはなんだろうか」「足すとはなんだろうか」と考えるのがメタ数学です。

　私たちがものを数えるときに使う

$$1、2、3、4、……$$

という数のことを**自然数**といいます。でも、よく考えてみればこの1や2というのは単に「自然数を表す記号」であって、自然数そのものではありません。「あなたの名前」があなたではないのと同じですね。ではそもそも自然数とは何なのでしょうか。それを考えるには見た目の装飾を取り除いたとき最後に残るもの、いわば「自然数の構造」に注目する必要があります。そして同じ構造をもつものを文字通り「何もないところ」から再構築していくのです。深くは踏み込みませんが、ただ自然数を構成する過程はそれほど難しい話ではありませんので、簡単に説明しましょう。

　自然数を表すときに使うのが「**集合**」という基本概念です。平たくいえば「ものの集まり」のことですね。その集合の中でも「なにもない空っぽの集合」のことを**空集合**といいます。中になにもないのですから、外枠だけで

$$\{\ \}$$

と書き表します。いうなれば「空っぽの封筒」です。

次に考えるのは「空集合」という要素をもつ集合。つまりは「『空っぽの封筒』が入った封筒」です。

$$\{\{\ \ \}\}$$

これはいくらでも繰り返すことができますね。

空っぽの封筒が入った封筒が入った封筒が入った封筒……

としていけば、次のような集合の列ができます。

$$\{\ \},\ \{\{\ \ \}\},\ \{\{\{\ \ \}\}\},\ \{\{\{\{\ \ \}\}\}\},\ ……$$

これを自然数

$$1、2、3、4、……$$

に対応させるというのが、数学的な自然数の構成方法（の1つ）です。

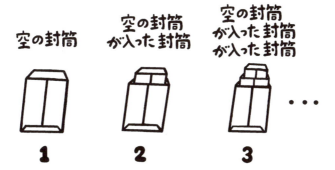

これって冒頭に登場した

「『なにもないことについて書く』ことについて書く」ことについて書く

……

とそっくりな話ですよね。あの「世界で最も意味がない文章」が、とても不思議な形で自然数の構成という奥深い話につながっているのです。

論理パズルに挑戦しよう

最後にこんな論理パズルを紹介したいと思います。

問題

太郎くんと花子さんが以下の会話をしている。

花子：「昨日6人でじゃんけんをしたらね、1回で勝ちと負け
が分かれたの！　私は負けちゃったんだけど、勝ったのは何人
だと思う？」

太郎：「何かヒントがなくちゃわからないよ」

花子：「そうだなぁ、6人が出した手の『伸びている指の本数』
を合わせたら、ちょうど太郎くんの弟の年齢と同じになるよ」

太郎：「（しばらく考える）……やっぱりわからないや」

花子：「すみれちゃんも負けたよ」

太郎：「そうか、それでわかった。勝ったのは　 ? 　人だ
ね」

花子：「当たり～！」

　 ? 　に入る数を答えよ

（解答は P42）

解けるわけない、と思ったかもしれませんが、2人の会話の流れを丁寧
に追いかけていくと、答えは論理的に1つに絞れます。

COLUMN
ゆるい用語事典④

これは読者への宿題としておく

　数学書や雑誌の記事などで、最後に問題提起してしまったものの、答えを書くスペースがない、あるいは書くのが面倒くさいときに、執筆者が用いる殺し文句。

　まあ、考えればすぐわかるようなことなので、各自、腕試しだと思って確かめてください、というとなんとなく聞こえはいいが、実際は「ただし、わからなくても責任はもちませんよ」というニュアンスを含む「大人語」である。書いたほうもあまり深く考えていないケースもあって、ときどき、とんでもなく難しい置き土産を残される。

　「賢明な読者諸氏においては簡単な問題であろうから、答えは省略する」と一旦持ち上げておいて、その隙に逃げていくパターンもある。

テーマ
03
💬 枠の外側から考える

扉 の 解 説

1桁のかけ算で1の位に1が現れるのは
$$1 \times 1 = 1、3 \times 7 = 21、7 \times 3 = 21、9 \times 9 = 81$$
の4パターンなので、虫がかじった部分は、1、3、7、9のいずれかです。さらにその中でかけ算の結果が2桁になるものを調べると
・虫がかじった部分が1のとき…$11 \times 1 = 11、21 \times 1 = 21、…、91 \times 1 = 91$
・虫がかじった部分が3のとき…$13 \times 7 = 91$
・虫がかじった部分が7のとき　…$17 \times 3 = 51、27 \times 3 = 81$
・虫がかじった部分が9のとき　…なし
となり、答えが決まらないように思えますが、上を見ればわかる通り、虫がかじった部分が1、7、9だと、答えが存在しない、あるいは2個以上存在することになり虫食い算としては成立しません。「虫食い算であるからには答えは1つでなければならない」というメタ情報を使えば、答えは
$$13 \times 7 = 91$$
に絞られてしまうのです。

［論理パズルの解答］

　1回のじゃんけんで勝負がついたのですから、「勝った人数」は1人〜5人のどれか、さらに「勝った手」はグー、チョキ、パーのどれかですから、それぞれの組み合わせで「伸びている指の本数」を書き出してみましょう（例えばチョキで2人が勝ったのであれば、伸びている指は「2、2、5、5、5、5」で合計24本となります）。

勝った人数

		1人	2人	3人	4人	5人
勝った手	グー	10	8	6	4	2
	チョキ	27	24	21	18	15
	パー	5	10	15	20	25

　さて、私たちは「太郎くんの弟の年齢」を知りませんが、当然、花子さんと太郎くんはそれを知っているはずです。つまり、最初のヒントの時点で、太郎くんには「伸びている指の本数（＝太郎くんの弟の年齢）」がわかっているのです。**それでもなお、勝った人数を特定できなかった**こと自体が重要なヒント。それはその数が表の中に2つ以上あったからにほかなりません。この表の中で重複しているのは「10」と「15」です。

　次に、太郎くんは「すみれちゃんも負けた」という情報を得ました。この情報によって「5人勝ち」の可能性がなくなり、かつ、**これによって太郎くんが勝った人数を特定できた**、というのが次のポイント。それができるのは弟の年齢が「15」のときだけですね。したがって弟の年齢は15歳、勝った人数は**3人**（手の内訳はパーが3人、グーが3人）となります。

認知と方向

テーマ 04 動いているのはどちらか

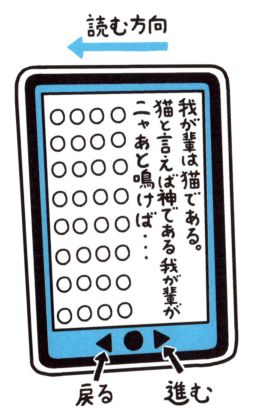

日本語の文章は右から左に読み進めますが、海外製の電子書籍の端末の多くは、ページを進めるボタンが右に設定されています。設定の変更方法がわからないとき、なんとか快適に読書をする方法はないでしょうか？

解説は P.053 へ！

上下の認知
それぞれの頭の中で動かしているもの

2人で一緒にパソコンのWebページを見ていて、その操作を相手に任せ、自分は横から画面を見ながら「あ、そこのリンクをクリックしてみて」とか「さっきの写真のところもう一度見せて」なんていっている状況、よくありますよね。

以前、不思議な現象を体験しました。僕が画面を見ながら「そのページ、上にスクロールして」と頼むと、相手は画面を下にスクロールし始める。「下にスクロールして」というと相手は画面を上にスクロールし始める。つまり**相手は必ず、自分の指示とは逆の動かし方をする**のです。なんだ、なんだ？　考えられることはいくつかある。

1. 嫌がらせをされている
2. すでに自分は死んでいて、相手に自分は見えていないし、指示も聞こえていない

いや、怖い、怖すぎるぞ。待て、冷静になろう。嫌われる覚えも、交通事故に巻き込まれた覚えもない。
　そこで考えたのが3つ目の可能性
3．2人の間で「上」と「下」の意味が違っている
　うん、これだ。
　そんなことある!?　と思うかもしれませんが、これが起こり得るのです。例えば下図1〜3のように文章を読み進めたいとします。このときみなさんはこのスクロールの向きを「上」と捉えるでしょうか。それとも「下」と捉えるでしょうか。

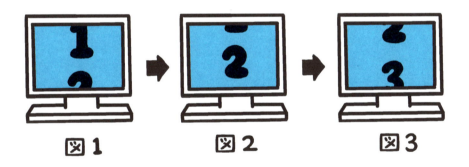

図1　　　　　図2　　　　　図3

　僕はこれを「下」と捉えます。でもこの本を読んでいる人の中には、「いやいやそんなわけない、これは『上』だろう」と思っている人が少なからずいるはずです。同じ動きを見てある人は「上」といい、ある人は「下」という。なぜそんなことが起こるのでしょうか。それは、**それぞれの頭の中で「なにを動かしているのか」が違うから**なのです。

ここで次のような連想をしてみてください。文章の書かれた細長い台紙が地面に置かれていて、その上にはカメラがあります。そのカメラ越しの映像をあなたはモニターを通して見ています。

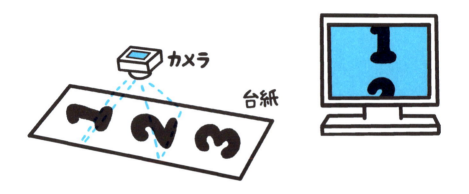

　この文章を下に読み進めていくにはどうしたらいいでしょうか。やり方は2つです。1つ目のやり方は**カメラを動かす**こと。このとき、カメラを動かす方向は「下」になります。

もう1つは**台紙を動かす**こと。このとき、台紙を動かす向きは「上」になります。

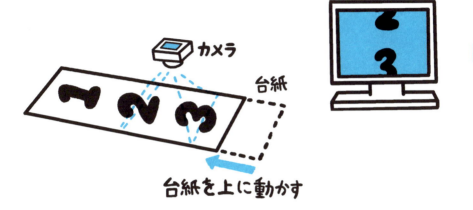

ほら、「なにを動かすか」で上下の方向が変わってくるでしょ。

時間と空間
なぜ「前」「後」の捉え方が変わるのか

　昔からデスクトップでパソコン操作をしてきた人は、下に読み進めたければマウスホイールを下に転がす、つまり「カメラを操作する」という感覚を自然に感じる人が多いでしょう。一方で、最近のタブレットの操作に慣れた人は、下に読み進めたければ対象を指で触って上に動かす、つまり「台紙を操作する」という感覚を自然に感じるのではないでしょうか。上下の捉え方に、ある種のジェネレーションギャップが存在するというのは面白いですね。

身近なところに、同じような例があります。それは「前」と「後」。「前」というのはあなたの正面の方向、「後」といえばあなたの背面の方向。**前後というのは、本来は「空間的」な表現**です。

　一方、この「前」と「後」が「時間的」な表現に転用されることがあります。このとき「前」と「後」のどちらが未来で、どちらが過去のことになるでしょうか。普通に連想すれば

　　　　　「前」が未来、「後」が過去

とするのが自然に思えますね。例えば昔を懐かしむことを「過去を振り返る」といったり、未来志向になることを「前向きに考える」などと表現したりします。

　ところがこれが時間の経過を表す「２時間前」や「２時間後」という表現になるとどうでしょう。不思議なことに

　　　　　「前」が過去、「後」が未来

になっています。これは先程とはまるっきり逆です。同じ日本語の表現の中で、なぜこのような反転現象が起きてしまうのでしょうか。

　実は、これも画面のスクロールと同様、「視点の置きどころによって方向が逆転する」という現象が起きていると考えることができます。

経過する時間を捉えるとき、その認識のしかたには2通りあります。1つは**変化の主体が「自分」である**とする認識。「時間軸」という道があり、その道の上を自分が歩んでいっているというイメージですね。この場合は最初に述べた通り「前」にあるのは未来であり、「後」にあるのは過去です。

　一方で、**変化の主体が「時間」である**という捉え方もできます。この時間認識は、鴨長明の『方丈記』の有名な冒頭にみることができます。

　　ゆく川の流れは絶えずして、しかも、もとの水にあらず

　筆者はある川のほとりに立ち「時間というのは、この、川を絶え間なく流れゆく水のようなものだ」と書いています。つまり自分はひとところにとどまっている存在であり、そこを時間が通り過ぎていくのだと考えているわけですね。

川下を見たとき、あなたの数メートル「前」を流れている水は、その少し前に自分の足もとを通り過ぎていった「過去」の水であり、あなたの数メートル「後」を流れる水はこれからあなたの足もとを通り過ぎようとする「未来」の水です。「２時間前」「２時間後」という表現はこの連想から生まれるわけですね。
　別のたとえを出してみましょう。マラソンで２位の選手がトップの選手を１分遅れで追いかけている状況をイメージしてみてください。

　このとき空間的に見れば、２位の選手は１位の選手の１分だけ「後ろ」を走っていることになります。この差を保ったまま２人がゴール地点に到着したとすれば、ゴールで待っている観客の立場からは、２位の選手は１位の選手がゴールした時点から１分遅れて、つまり１分先の「未来」にゴールすることになります。「１分だけ後ろ」にいる人は「１分先の未来」にやってくる。そう考えると「後(あと)」が「未来」を指すという感覚はなんとなく腑に落ちますよね。この「ゴール地点で選手が来るのを待っている観客」の視点は「川の流れを見ている鴨長明」の視点とまったく同じです。

順操作と逆操作
ゲームの世界で起こるカメラ操作問題

　人によって方向の捉え方が真逆になるもう1つの例として、3次元CG世界でキャラクターを動かすゲームの「カメラ操作」問題を見ていきましょう。プレイヤーの見たい方向をコントローラーのスティックで操作するとき、左を見たければ左に、右を見たければ右にと「見たい方向にスティックを倒す」スタイルと、左を見たければ右に、右を見たければ左にと「見たい方向とは逆にスティックを倒す」スタイルがあり、それぞれ順操作（ノーマル）と逆操作（リバース）と呼びます。

　ノーマルという言葉が示す通り、最近のゲームのほとんどは順操作を初期状態としています。ところが昔のゲームは、圧倒的に逆操作が多かったのです。昔からゲームをしてきた人が困らないように、最近のゲームではオプションとしてカメラ操作を「リバース」に変更できるようになっているものがたくさん出されています。

　ただし、最近のゲームに慣れた人が昔のゲームをしようと思ったときに、昔のゲームにはカメラ操作を変更するオプションがついていな

いので困ってしまうことがあるでしょう。そういうときは、オプションではなく、**頭の中の「認知」をいじってあげる**ことで解決します。「順操作」はあなた自身が正面にカメラを構えて景色を撮影しているイメージ、つまりカメラはあなたの「**前方**」にあります（図A）。当然カメラを動かす向きはあなたの見たい向きです。一方「逆操作」は、第三者があなたの背後からカメラを持って撮影しているイメージ、つまりカメラはあなたの「**後方**」にあります（図B）。このときカメラの動く向きはあなたの見たい向きとは反対になります。

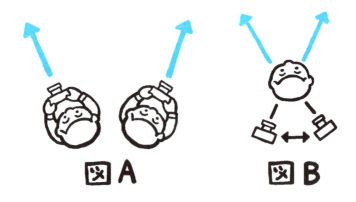

　ピンとこない人は、山の上によくある観光望遠鏡で景色を見ていると想像してみるとわかりやすいと思います。覗き口を手で持って動かすとき、あなたが見たい方向とあなたが望遠鏡を動かす方向は真逆になります。このイメージをもつとリバースがとたんに自然な動きに感じられるようになります。

問題を解決するときに、**問題そのものよりも自分の「認知」を変えるほうが早い**というのは示唆的な話ですね。マイケル・ジャクソンも歌っているように「世界を変えたければ鏡に映っているその人物を変えよ」なのです。

テーマ 04　動いているのはどちらか

扉 の 解 説

左右を「読み進める向き」ではなく、自分が本を読んでいるときに「ページをめくる手の動き」だと考えてみると、とたんに方向が自然に感じられるようになります。設定が変えられないときは、考え方（マインドセット）を変えればよいというのは意外と幸福に生きるヒントなのかもしれません。

COLUMN
ゆるい用語事典⑤

悪 魔 の 証 明

　令和になりいろいろな価値観はアップデートされた。それでも「幽霊が存在する」「エイリアンは地球に来ている」といった言説は僕の子どもの頃からいまに至るまで途絶える様子はない。それはなぜか。理由は簡単で

「いない」を証明することが不可能

だからだ。

　「幽霊が存在する」ことを示すのは簡単だ。実際に幽霊を連れてくればいい。しかし「幽霊が存在しない」ことを示すとなるとどうだろうか。世界中のすべての町のすべての路地、向かいのホーム、路地裏の窓、こんなところにいるはずもないところまで探し回って、それでも幽霊が「いない」ということを確かめなければならない。いや、仮にそれが実行できたとしても、たまたまあなたの目にとまらなかった場所に幽霊がいたのだとか、信じない人の前には幽霊は現れないのだといわれれば、それを否定することもできない。「いない」はすべてを見通すことができる神の視点、いや悪魔の視点がなければ証明できないのである。それゆえこのような証明は「悪魔の証明」と呼ばれる。

　2003年、アメリカがイラクに侵攻する直前、イラクに大量破壊兵器があるかどうかが最大の争点になった。アメリカはイラクに「大量破壊兵器をもっていない証拠を出せ」と迫ったが、それはイラクにとってまさしく悪魔の証明だったといえよう。結局「イラクに大量破壊兵器がないという証拠がない」という根拠で戦争は始まり、その後、戦争終結に至るまで大量破壊兵器は発見されなかった。その真偽は、いまなお、悪魔のみぞ知るところだ。

テーマ 05 不変量
変わらない量に注目する

ディーラーは1から100までのカードをよくシャフルし、10秒おきに1枚ずつめくってあなたに見せて、それをテーブルに伏せていきます。一度伏せられたカードを見直すことはできません。99枚のカードが見せられた時点で最後の残ったカードの数を当てることができればあなたの勝ちです。手もとのタブレットにメモを残すことは許されますが、メモは10秒経つと自動的に消えていきます。あなたがこのゲームに勝つ方法はあるでしょうか。

解説は P.069 へ!

悪魔の証明と不変量
「できない」の証明はできない?

　「できる」ことを示すのと「できない」ことを示すのはどちらが簡単でしょうか。「できる」ことは「できない」ことに比べればはるかに少ない、だから「できる」ことを示すほうが難しい、と思ってしまうかもしれませんが、それは逆です。

　「できる」の証明は、誰かがそれを1回でもやってみせれば終わりです。「月に行く」も「大リーグで二刀流をする」も、それを成し遂げるには並大抵ではない努力が必要ですが、一度、誰かがやってみせた瞬間に、それは「できる」ことに変わります。

　ところが「できない」はそうはいきません。「おならで空を飛ぶ」はいまだかつて人類の誰も実現していませんが、だからといって「できない」と断言できるわけではありません。ひょっとしたらうまくできるやり方を誰も見つけられていないだけかもしれません。今後とんでもない才能が現れて、それを実現してしまうかもしれません。「できないのはお前の頑張りが足りないからだ」なんていう根性論がある種の説得力をもってしまうのは、それが**本質的に反証不可能**な、いわゆる「悪魔の証明」だからなのです。

ただ、ごくまれに、この「できない」の証明が「できる」ケースが存在します。僕は仕事柄、飛行機に乗ることが多いのですが、そこでいつも悩まされるのが荷物の重量制限です。例えばJALの機内預け入れの荷物は、国際線のエコノミークラスであれば23kgが2つまでと定められています。どちらかでも重量オーバーしてしまった場合は超過料金になるので、チェックインカウンターのところでトランクを全開にして荷物の詰め替えをしている人をよく目にします。

　しかし、たまに**いや、それどう考えても無理だから！**というケースに遭遇することがあります。それは例えば2つのスーツケースの重量がそれぞれ26kgと21kgのようなとき。ここで注目するのは荷物の総重量です。**2つのスーツケースの重さをともに23kg以下にするためには少なくとも2つのスーツケースの重さの和は23+23=46kg以下でなければなりません。**一方、上の例では総重量は26+21=47kg。この値は、パッキング界の大谷翔平が現れたとしても動かすことはできません。総重量が46kgを超えた時点で、どんな詰め替えをしても不可能であることは断言できるのです。

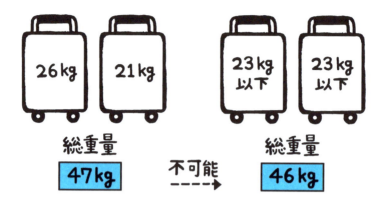

　この「総重量」のように、**才能や根性では絶対に動かすことができない量**のことを<u>不変量</u>といいます。数学における不可能の証明は、この種の不変量を見つけることが鍵を握る場合が多いのです。

　例えば次のような問題を考えてみましょう。6 × 6 の部屋を 2 × 1 の畳で覆いたいと思います。これは簡単にできますね。例えば下図右のように畳 18 枚を並べればよいのです。

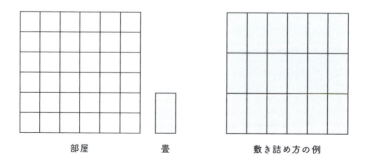

では、この部屋の左上と右下の1マス分に家具を置いたとして（下図左）、残り6×6－2=34マス分を、畳で覆うことはできるでしょうか。単純に計算すれば34÷2=17枚の畳で覆うことができそうなのですが、何度やってみても下図右のように最後の1枚の畳が、うまくはまらず余ってしまいます。

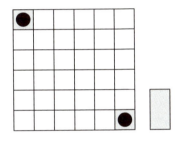 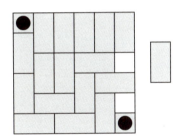

敷き詰められない例

　ではこれは不可能なのかというと、そう言い切れないのがやっかいなところなのですね。本当はうまくできる方法があるのにそれを見つけられていない可能性はあるからです。「不可能」だと言い切るには、先程の「総重量」のような、畳の敷き方をどんなに変えても<u>**動かない不変量を見つけること**</u>が必要です。

この不変量は下図のように部屋のマスをチェッカーボードのように黒白に塗り分けることで浮かび上がってきます。

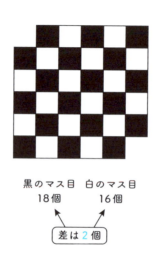

　ここで注目したいのは「黒のマス目の個数」と「白のマス目の個数」です。家具を置くと白のマスが2つ潰れますので、残った黒のマス目は18個、白のマス目は16個。<u>黒のマス目のほうが2つ、多くなります。</u>
　実はこの「**個数の差**」が、ここでの不変量なのです。1枚の畳は必ず黒と白のマス目を1枚ずつ覆うことになるので、1枚畳を敷くたびに、黒のマス目の個数も白のマス目の個数も、足並みをそろえて1つずつ減っていきます。
　つまり、このあとどのように畳を敷いても「黒と白のマス目の個数の差」は変化しません。

黒のマス目　白のマス目
　15個　　　13個
差は 2 個

どんな畳の敷き方をしても
差は不変

　仮にすべての畳で部屋を覆うことができるならば、残された黒のマス目と白のマス目はともに0枚、つまりその差は0にならなければなりません。ところがこの差は畳をどのように敷いても「不変」なのですから、この状態をつくるのは**絶対に不可能であることが証明された**ことになります。

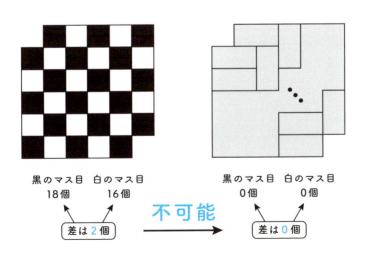

黒のマス目　白のマス目
　18個　　　16個
差は 2 個

不可能

黒のマス目　白のマス目
　0個　　　　0個
差は 0 個

幾何の不変量
ファンタジー世界に不可能はあるか？

　アニメやゲームの世界で、手のひらを正面に向けてバリアを張り、敵の攻撃を弾く、というようなシーンがよく登場します。誰もが一度は真似したくなるやつです。

　このバリアの形状は、なぜか六角形が使われることが多いようです。六角形を隙間なく敷き詰めたいわゆる<mark>ハニカム（蜂の巣）構造</mark>は、現実世界でも建造物や航空機などに使われる軽くて丈夫な構造ですが、どうやらこの強固さは魔法世界でも通用するようですね。

　ただし、平面状に張るバリアには重大な欠点があります。それは、**正面からの攻撃を弾くことはできても、側面や背面には弱い**ことです。そこで登場するのが球面状バリア。自分のまわりを六角形で隙間なく囲んでしまえば、爆発のように全方位から衝撃がくる攻撃であっても、防ぐことができて安心です。

ところが、ここで余計なことをいわずにはいられないのが数学者。魔法界に激震を与えかねない不都合な真実を指摘してしまいますが、実はこの「**球面ハニカム構造**」のバリアは、**実際にはつくることはできない**のです。これは、技術的に難しいという話をしているのではなく、数学的にあり得ないという話。

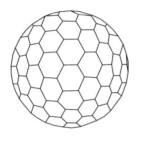

図のような
六角形のみで
囲まれた球体は
つくれるか？

　いささか無粋ではありますが、これが「できない」ことを説明してみましょう。ここにもとても面白い「不変量」が登場します。
　いくつかの平面で囲まれた立体図形を**多面体**といいます。例えばサイコロの形状は多面体です。ここでサイコロの「面」と「辺」と「頂点」の数に注目してみます。

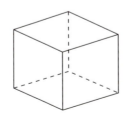

頂点の数　8
面の数　6
辺の数　12

サイコロにおいて、頂点の数（8）と面の数（6）を足したものから辺の数（12）を引き算すると、その値は2になります。つまり

　　　　（頂点の数）＋（面の数）－（辺の数）＝ 2

です。
　これだけなら「それがどうした」という話なのですが、驚くべきはこの関係式は

　　　　どんな多面体であっても成り立つ

のです。これを**オイラーの多面体定理**といい、

　　　　（頂点の数）＋（面の数）－（辺の数）の値

を**オイラー数**と呼びます。
　オイラー数「2」が不変量であることを実感してもらうために、多面体を少し変形してみましょう。
　例えば、サイコロの1つの頂点をナイフでスパッと切り取って新しい多面体を作ったとします（下図）。

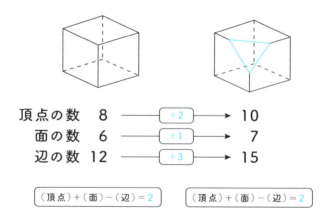

この切り取りによって頂点は2個、面の数は1個増えるので、「(頂点の数)＋(面の数)」は3増えます。ところが一方で、辺の数も3増えています。結局プラスとマイナスがちょうど打ち消し合い、「(頂点の数)＋(面の数)－(辺の数)」の値は2のまま。

　厳密な証明は少し手間がかかるのでここでは省略しますが、このように**多面体をどのような平面で切って新しい多面体をつくってもオイラー数は「不変」**であることが確かめられます。

　ならばと氷の彫刻家に登場してもらい、直方体の氷からチェーンソーで見事な鹿を切り出してもらいました。この切断の各ステップでもオイラー数は不変であり、この四面体、もとい鹿面体においてもオイラー数はやはり2のままです。**もう、このこと自体がちょっとした魔法のよう**ですね。

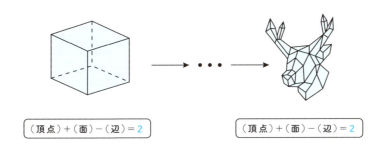

　話を戻しましょう。では、この氷の彫刻家は、「球面ハニカム構造」を切り出すことはできるでしょうか。それが不可能であることは「球面ハニカム構造」の多面体のオイラー数を計算してみるとわかります。

説明は後に回しますが、結論からいえば、**そのオイラー数は0**になることが示せてしまうのです。

　冒頭のパッキングの話と同様、どんなに優れた氷の彫刻家であっても、不変量を動かすことはできません。だから**「球面ハニカム構造」をつくり出すことは絶対にできない**という結論が得られます。

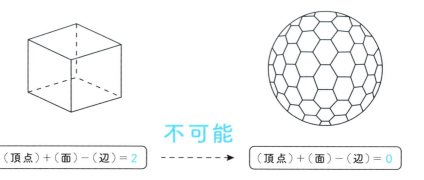

　でも、そんなこといったら、そもそも人は空を飛べないし、バリアなんて張れません。魔法を許している時点で、「不可能」を指摘することに意味はないのではないか、と考える向きも当然あるでしょう。でも、物理法則の嘘と数学法則の嘘では、その嘘の種類が少し違うような気もするのです。

　例えば「**三平方の定理**」は、人がそれを考えたから成り立っているのではありません。人がいようがいまいが、そんなことに関係なく「た

だ成り立つ」。そして「**ただ成り立つ**」**事実はあらゆる存在や可能性を超越し、魔法であろうが多次元宇宙であろうが、やはり「ただ成り立つ」べきだ**、と僕は考えてしまう。ファンタジー世界において許せる嘘と許せない嘘の境界はなにか、というのは議論するのに面白いテーマになるかもしれませんね。

　もし、みなさんが魔法世界でも数学法則を信頼するのであれば、今後、空飛ぶ敵の魔法使いが球面バリアを張ってきたとしても慌てないでください。そのバリアには必ず六角形ではない部分、つまり「穴」があるはずです。そこを狙ってショットガンを打ち込んでやればイチコロです。

　では、最後に少し難しいですが、「**球面ハニカム構造」のオイラー数は0である**ことを示してみましょう。そういうものが存在するという仮定のうえで、理屈を考えてみます。

まず、この立体がN個の面でできているとします。この立体の面をバラバラに分解してみましょう。1つの「面」につき6個の辺と6個の頂点があるのですから、バラバラにすると、辺の数は「$6 \times N$」、頂点の数も「$6 \times N$」となります。

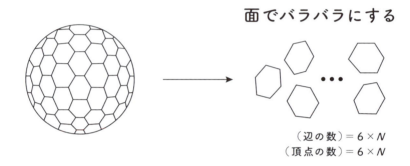

次にこれを組み立てます。2つの辺が1つの辺に合体するので
$$（辺の数）= 1/2 \times 6 \times N = 3 \times N$$

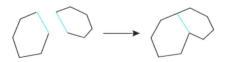

2つの辺が1つの辺になる

一方、頂点は3つの頂点が合わさって1つの頂点になるので、
$$（頂点の数）= 1/3 \times 6 \times N = 2 \times N$$

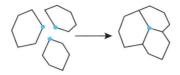

3つの頂点が1つの頂点になる

以上より、この立体のオイラー数は

（頂点の数）+（面の数）−（辺の数）
= $2 \times N + N - 3 \times N$
= $(2 + 1 - 3) \times N$
= 0

となり、証明が終わります。

扉の解説

ランダムに並べられた99個もの数をすべて暗記することは、普通は不可能ですし、すべてを書き記しておこうにも、タブレットの文字は10秒経てば消えていくので、それもできません。でも、うまいやり方があります。まず、最初に見せられたカードの数をタブレットに書き残します。そして次からは、新しいカードを見せられるたびに、その数をタブレットに書かれた数字に足し算し、その結果を新たにタブレットに残すのです。そうすればタブレットには常に「それまでに現れた数の総和」が残されます。1から100までの合計は5050で「不変」です。ですので、5050から、最後にタブレットに残った数を引いた数が答えとなります。例えば99枚の番号を足した総和が5021であれば、5050−5021=29で、29が答えです。

※『とっておきの数学パズル』（ピーター・ウィンクラー著／日本評論社刊）より

COLUMN
ゆるい用語事典⑥

エレガント

　ある種の数学的事実やその証明に対して心の中に否応なく沸き起こる恍惚感のようなもの、それ表現するときに数学者が使う定番の言葉。その意味をきちんと説明しろといわれると少し困ってしまうが、数学者の共通認識として確かに存在している不思議な感情である。食レポにおいてよく使われる「コクがある」の意味を誰もきちんとは説明できないのに誰もがなんとなくわかっている、というのとよく似ている。

　どこかの数学者が「エレガントさ」を定式化しよう試みたらしい。まったく定着していないところをみると、エレガントかどうかの証明自体は決してエレガントではなかったのだろう。

COLUMN
ゆるい用語事典⑦

エレファント

　長いし、ごてごてしているし、読んでもちっともわかった気にならない（でも、どうやら正しいらしい）。そんな証明を指していう言葉。わかっているとは思うけど、「エレガント」の対義語。響きが似ているというだけで引き合いに出されたゾウにとっては、いい迷惑。四色定理（→ P28）の証明は、数学史上最もエレファントな証明としてその名を轟かせている。

テーマ 06 パリティと偶奇
世界を２つに分けてみる

図のようにロープが置かれています。Pの地点に左手の人差し指を置き、Qの場所を右手でつまんで引っ張ったとき、左手の人差し指にロープは引っかかるでしょうか？ 引っかからないでしょうか？

解説は P.083 へ！

等価な2択
人生にはさまざまな2択がある

　人生には2択を迫られることがよくあります。爆弾処理をしていて赤のコードを切るか、青のコードを切るか……みたいな話ではありません。もっと取るに足らない2択です。

　例えば、新幹線のドア。僕は荷物をたくさんもっていることが多いので、目的駅が近づくと誰よりも早く新幹線のドアのところに行って待機するのですが、どちらの扉が開くのかはギリギリまでアナウンスしてくれません。さあ、人生の2択。左で待つか、右で待つか。

　なんの手がかりもないのであれば、とりあえず運否天賦で一方のドアを選んで、その前で待つしかありません。当たる確率は五分五分のはずですが、僕の感覚では6割方間違えるような気がします。しかも、気づけば僕のことを信じたほかの客が後ろに並んでいたりする。開くドアが違うほうだったことがわかったとき、フォロワーたちの心の舌打ちが聞こえてくるようで、申し訳なくて振り返れず「僕はもう少し外の景色を見ていたいんだ」とたそがれているフリをします。

そういうことがあるたびに「次はちゃんと調べよう」と思うのです。思いながらも結局、毎回出たとこ勝負をしてしまう。なんとなくそこまでの労力を割こうとは思えないのですね。だって、一方がダメならもう一方が正解。間違えたら逆にすればいいだけ。

　例えばUSBメモリをパソコンに挿すとき。差込口のタイプによっては地味に挿す向きが決まっているのですが、きちんと確認してから挿す人をあまり見たことがありません。とりあえず挿してみて、挿さらなければ反対を試すのが多くの人のやり方。

　等価な２択であること、間違えたときのダメージがほぼ０であること、という条件がそろったとき、とりあえずやってみてダメならやり直す、いわゆる<u>「押してダメなら引いてみろ」戦略</u>がとられがちです。

　さて、この「等価な２択」、つまり右と左、裏と表、内側と外側のような<u>同等の重みをもった２つの状態</u>のことを**パリティ**といいます。数学において最も重要なパリティは、「偶数」と「奇数」です。いわゆる「**偶奇性**」は日常をまっぷたつに分割する働きがあります。

ジャカルタでは、交通渋滞と大気汚染の解消のために、「その日、市内を走ることができるクルマをナンバープレートの番号で分類する」という面白い政策を取っています。ナンバーが偶数番号なら偶数日、奇数番号なら奇数日に通行できるといった具合。これは**偶奇がほぼ均一に分布していること**を利用している例です。

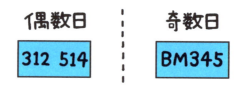

　一方で、**偶奇の入れ替えが不可能な状態を生み出すこともあります。**例えば、ホテルの部屋番号は廊下を挟んで左が偶数、右が奇数といった具合に、左右で分類されていることがあります。海辺の旅館などは、部屋番号の偶奇によって、窓から海が見えるか山が見えるかという決定的な違いが生まれます。また、この本のページ数も、左が偶数、右が奇数です。本は表紙を１ページ目と数えるので、左綴じの本では必ずこうなります。一方、右綴じの本では左が奇数、右が偶数です。

　よく、見開きに１枚絵になっている漫画を見ることがありますが、そういう演出をしたいときは、漫画家は、原稿段階においてページの偶奇を必ず意識することになります。

「順列」と「互換」
隠れたところに潜む偶奇性

市松模様、いわゆるチェッカーボード柄は平面を「黒と白」という2つのパリティに分類します。

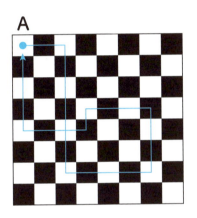

Aからスタートして
Aに戻ってくれば
どのように動こうが
コマが動いた回数は
「**偶数回**」

実はここにも偶奇が絡んできます。例えば上図Aの白マスにコマを置き、上下左右の好きな方向に1マスずつコマを進めて、最後にまたAのマスにコマを戻したとします。コマがどのようなルートを取ったかはわかりませんが、少なくとも1つわかることがあります。それは

コマは「偶数回」動いた

ということ。理由は簡単。どのようにコマを動かそうと、**コマが止まるマスの色は黒、白、黒、白と交互に変わる**からです。白マスからスタートして再び白マスに戻ってきたということはコマを動かした回数は必ず「偶数」です。

もう1つ、とても興味深いパリティを紹介しましょう。それは「並べ替え」に関係するものです。例えば下図のように1、2、3、4と並んでいるカードがあります。**1回の操作で2枚のカードの位置を入れ替えることができる**として、これを4、3、2、1と並べ替えるには何回の操作をすればいいでしょうか。

　一番早いのは1と4、2と3を入れ替えることです。この場合、操作は2回ですみます。

　でも、もっと下手くそにやることもできますよね。まず1を2、3、4と順次入れ替えて右端に持ってきます。次に2を3、4と入れ替えて右から2番目に持ってきます。次に3を4と入れ替えます。この場合、操作は6回です。

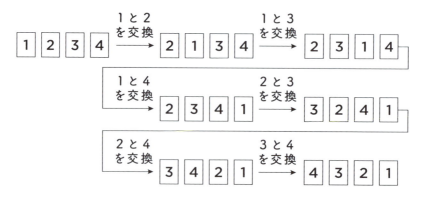

このような2つの入れ替えの操作のことを「互換」というのですが、実は互換を繰り返して数字の並べ替えをする場合、やり方によって互換の回数は変わったとしても

互換の回数の偶奇は必ず一定である

という面白い特徴があります。つまり偶数回の互換で入れ替えられる並べ方は、どんなやり方をしても互換の回数は必ず偶数になり、奇数回の互換で入れ替えられる並べ方は、どんなやり方をしても互換の回数は必ず奇数になります。言い換えれば、1、2、3、4を並べ替えたすべての順列が「偶数回の互換で並べ替えができるもの」と「奇数回の互換で並べ替えができるもの」という2つのグループに分類できてしまうわけですね。

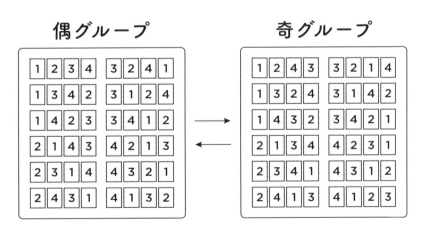

偶グループの並び方から1回互換を行えば必ず奇グループの並びに
奇グループの並び方から1回互換を行えば必ず偶グループの並びになる

例えば前ページの「偶グループ」の順列の1つを選んで、どれか2つの数を入れ替えると、それは必ず「奇グループ」に含まれます。逆に「奇グループ」の順列の1つを選んで、どれか2つの数を入れ替えると、それは必ず「偶グループ」に含まれます。ちょうどチェッカーボード上のコマが黒と白のマスを交互に訪れていたように、順列は互換という操作をするたびに2つのグループの間を交互に行き来していたのです。

　このパリティは、チェッカーボードのようにはっきり目に見えるものではありません。隠れミッキーならぬ隠れパリティ。世界は私たちの気づかないところで、こっそりと二分されているのです。

パリティの壁
パズル王サム・ロイドが仕掛けた罠（わな）

　この「パリティ」を巧みに活用してみせたのが、アメリカのパズルの巨匠サム・ロイドです。この人の名前は知らなくても、番号のついたブロックをスライドして並べ替える下図のようなパズルで遊んだことがある人は多いのではないでしょうか。

078

このパズル自体は古くからあったのですが、1878年にロイドはこのパズルにほんの少しのツイストを加えて販売します。彼はこのパズルを**懸賞金つきの問題**にしたのです。しかもその問題はとても単純。下左図のように14と15だけを入れ替えた配置からスタートして、下右図の正しい並びに戻しなさいというもの。これが世に名高い「**14-15パズル**」です。

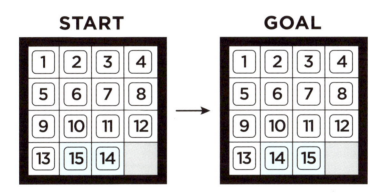

　誰もが「これくらいなら自分でもできそう」と思いますよね。そこに1,000ドルという巨額の懸賞金がかけられたことで、このパズルは爆発的にヒットします。それこそアメリカ中の国民が血眼になってこの問題に取り組んだのです。にも関わらず、誰もこの賞金を手にすることはできませんでした。それもそのはず。この問題は「**絶対に解くことが不可能なパズル**」だったからです。

ロイドは当然、これが「不可能」であることを見抜いたうえで多額の懸賞金をつけたわけですが、なぜ彼にはこれが「不可能」だとわかったのでしょうか。ここには先程のパリティが関係しています。

実はこのパズルは本質的には先程見た<u>数字の「互換」を繰り返し行っているのと同じです</u>。パズルの見方を少し変えてみましょう。「空いたスペースに隣のピースをスライドさせる」というのは<u>「空いたスペースを隣のピースと入れ替える」</u>と考えても同じことです。

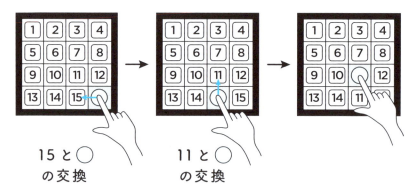

空きスペースのところに架空の玉があり、その玉を指で押さえて動かすと、移動先のピースの場所がその玉がもとあった場所に次々と入れ替わってゆくような機構を考えてみてください。そう「パズル＆ドラゴンズ」というスマホゲームをしたことがある人ならおなじみの動きですよね。<u>ピースを動かしているのではなく「空きスペース」を動かしているのだ</u>という発想の転換です。

スタートの状態では「空きスペース」は右下にあります。これをぐりぐりと移動させて、最終的に再び右下に戻したとしましょう。この移動によって何回の「互換」が行われたでしょうか。その回数はわかりませんが、**それが「偶数回」であることはわかります。**なぜならば、16マスを下図のように白黒に塗り分けたとき「空きスペース」は白色からスタートして白色に戻ってきたことになるからです。P75で見たように、その移動回数は必ず「偶数回」。したがって互換も「偶数回」行われたことになります。例えば図1から図2では8回の互換が行われています。

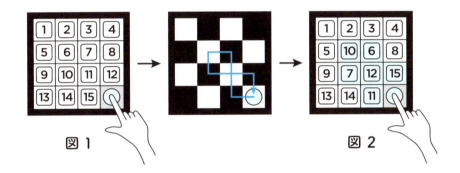

図1　　　　　　　　　　　　　　図2

　ところで、先程説明したように偶数回の互換で入れ替えられる並べ方は**どんなやり方をしても互換の回数は必ず偶数になります。**例えば「2つのピースを持ち上げて入れ替えていい」というルールのもとであれば「6と10」「6と7」「11と12」「11と15」の順序で入れ替えれば、4回の互換で図1は図2の状態になります。このときも互換の回数は確かに偶数回です。

以上をまとめるとこうなります。

> 空きスペースが右下の状態からスタートして
> 再び右下に戻ってくるように動かして得られるピースの配置は
> 偶数回の互換によって移り合うものに限られる

ところが、ロイドのパズルでは、最初と最後の状態 14 と 15 の位置が入れ替わっているだけ。これは 1 回、つまり**奇数回の互換で並び替えられる配置**ですので、この状態に移すことは天地がひっくり返ってもできないと断言できるのです。**パリティが一種の「不変量」として働いている**ことに注目してください。

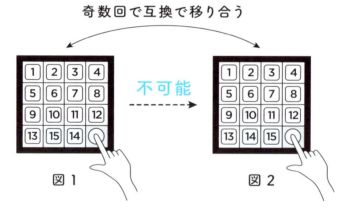

それにしても、これが不可能であることを見抜くだけでなく、商売に利用できると考えるしたたかさには恐れ入ります。サム・ロイドという人はパズル界で最も有名な天才であるとともに、かなりの香具師でもあったようです。

扉 の 解 説

指はロープに引っかかりません。ロープの内側を塗りつぶすと図1のようになり、点Pがロープの「外側」にあることがわかります。

実はこの塗りつぶしをしなくても点Pがロープの「内側」か「外側」か、簡単に判別する方法があります。それはロープの「外側」の点Rから点Pに直線を引いたとき、この直線がロープを何回横切るかをカウントしてみればいいのです。

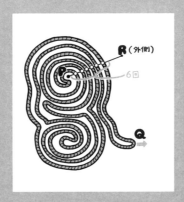

ロープを横切るたびに「内側」と「外側」が交互に入れ替わることに注意すると、横切った回数が偶数なら「外側」、奇数なら「内側」です。この場合、直線はロープを「6回」横切りますので、指は輪の外側にあることがわかり、指はロープに引っかからないと判断できます。

> COLUMN
> ゆるい用語事典⑧

限りなく

映画「ノッティングヒルの恋人」の中で、主人公が電話越しの相手に向かって自分の同居人がいかにバカなやつであるかを説明するシーンがある。「いいか、お前の頭の中にこれ以上はいないっていえるぐらいバカなやつを想像してくれ。した？ OK、じゃあ聞いて。俺の同居人はその2倍バカなんだ」。これは彼の同居人が「限りなく」バカであることのとても説得力のある説明となっている。

「限りなく大きくなる」など、数学においても「限りなく」という言葉は頻繁に登場するが、よく考えると「限り」が「ない」とはどういうことだろう。わかったようでわからない言い回しだ。これに厳密な定義を与えるとき、数学ではこの映画の主人公とまったく同じ物言いをする。

「いいか、お前の頭の中にとてつもなく巨大な数を想像してくれ。もうこれ以上の数は誰も想像できないだろうというくらい大きな数だ。したな。よし、この数はそれより大きくなるんだ」。

> COLUMN
> ゆるい用語事典⑨

収 束

「ある値に限りなく近づくこと」と教科書には書かれているが、「限りなく近づく」ってどういうことなのだろうか。これもきちんと説明しようとすると結構難しい。

なお、数学科の打ち上げにおいて2次会、3次会、……3×2n次会と進み、いつの間にか記憶を失い、気がついたら友だちの鈴木の家で寝ていたという状況を「昨日の飲み会は鈴木の家に収束した」と言い表す。

テーマ 07 指数と刺激量
違いの大きさを決めるのはなにか

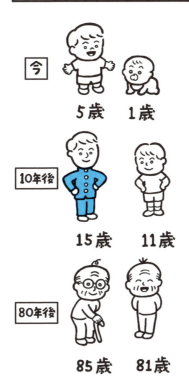

上の極限の式が示す意味は、下のイラストの状況を使って説明できます。式とイラストの関連性を考えてみてください。

→ 解説は P.096 へ！

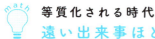 **等質化される時代**
遠い出来事ほどざっくりまとめられる

　　　　降る雪や　明治は遠くなりにけり

　これは、明治生まれの俳人、中村草田男（なかむらくさたお）が、昭和の初期に詠んだ句です。令和になったいま、昭和生まれの僕にはこの気持ちがとてもよくわかる気がします。まさに「昭和は遠くなりにけり」。昭和生まれ、なんていうと、最近の高校生から返ってくるリアクションは……。
「街頭の白黒テレビの前に集まってプロレスを観ていたんですよね」
　（→僕もその光景は朝の連続テレビ小説でしか見たことがない）
「砂糖は闇市で買っていたんですか？」
　（→僕にとってもおばあちゃんから聞いた話）
「米騒動で蔵が襲われたんですよね」
　（→いや、それもう昭和の出来事ですらない）

お前らの昭和感、雑すぎだろ！

　ひと言で昭和といってもそれは 1926 年から 1989 年までの、60 年余の長い期間です。戦前もあれば戦後もあり、高度経済成長期もあればバブル期もある。ちなみに僕が生まれたのは昭和が最終コーナーを曲がり終え、ラストスパートに入った辺り。物心ついた頃には家にはカラーテレビがあり、アイドルがヒットチャートを賑（にぎ）わし、街にはコンビニエンスストアもありました。これが僕の親世代になると、電話は交換手につないでもらっていたとか、数値計算には「計算尺（けいさんじゃく）」という

086

手動の計算器具を使っていたとか、僕ですら驚かされる話が出てくる。同じ昭和生まれといえどもかなりのグラデーションがあるのです。

でも、いまの若い子から見れば、40年前も60年前も似たりよったり。計算尺の時代も電卓の時代も、蓄音機の時代もウォークマンの時代も、全部まとめて「昭和」というフォルダーに放り込まれます。この「昭和」は具体的な、どの時期の昭和を指すというものではなく、**万人の中に漠然とイメージされる等質化された昭和「のようなもの」**を指します。映画「ALWAYS 三丁目の夕日」で描かれたのも、観念化され、除菌脱臭された古き良き昭和「のようなもの」でした。そう、私たちにとってもはや「昭和」は**イデア**と化しているわけですね。

あの時代の感触を直に知っている僕たちにしたら、少しモヤモヤしてしまうところではあるのですが、いや待てよ、と。よく考えれば僕たち「昭和生まれ」だって若者のことをいえる立場ではないのです。

例えば江戸時代。その期間は260年で昭和の比ではありませんが、私たちが「江戸時代」と聞いて思い浮かべるのは町人、奉行所、浮世絵、歌舞伎、花街などなど、なんとなく漠然とした1つの江戸「のようなもの」。これだってイデアです。江戸時代の人にいわせれば、**現代人の江戸時代感、雑すぎだろ！**　なのです。

　この「**時代をざっくりまとめすぎ問題**」は時代をさかのぼるごとにどんどんエスカレートしていきます。平安時代は400年、縄文時代は1万年、石器時代は200万年……いや、200万年って！　SF小説なら人類がn回滅亡して、機械生命体が闊歩していてもおかしくない、その気の遠くなるほど長い長いスパンを「石斧持ってマンモス追いかけていた」なんてイメージでギュッとまとめている私たちのええ加減さよ。石器時代のみなさん、ごめんなさい。

　ただね、いまここで観察してきたことから、実はとても普遍的な法則を導き出すことができるのです。ひと言でいえば「**遠くにあればあるほど、その捉え方は大雑把になる**」というもの。

例えば電車の窓から景色を眺めるとき、数十キロ彼方にある「山」と目の前にある「駅弁」は同じサイズになりますよね。手もとの駅弁はそのおかずの1つひとつがきちんと区別できるのに、遠くにあると、葉や木、土といったすべての細部は等価となり、巨大な塊(かたまり)として認識されるようになる。

　同じことが物理的な遠さだけでなく時間的な遠さに対しても起きていると考えることができます。遠くの景色がぼやけるように、時間が経てば経つほど、ディテールは記憶や記録の中で失われる。すると私たちにとっての「1週間」と江戸時代の「100年」と縄文時代の「1万年」とが、情報として同じくらいの重みになるわけですね。

　この感覚をグラフにすると、このような感じになるのではないでしょうか。

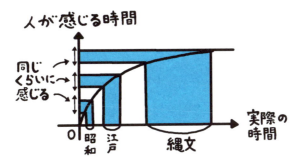

ウェーバー・フェヒナーの法則
刺激の量は「比」によって決まる

　前ページの話を整理すれば<u>過去にさかのぼればさかのぼるほど「同じくらいの時間が経過したな」と感じるのに長い時間が必要になる</u>ということです。

　ここからある一般的な仮説が浮かび上がってきます。私たちの知覚というのは総量が増えるほどその変化に鈍感になっていくということができるのではないないだろうか……？

　言い換えれば、**全体の量が多いほど小さな差はどうでもよく感じられる**ということです。例えば、100円が120円に値上げされたら「高くなった」と感じるのに、10万円が10万20円に値上げされてもまったく気になりませんよね。

　では10万円のものがいくらに値上がりしたら、100円が120円になったのと同程度「高くなった」と感じるのでしょう。おそらくそれは、値上がりの比率が同じとき、つまり10万円が12万円になったときではないでしょうか。私たちが変化から受ける刺激は**総量からの「差」ではなく総量との「比」によって決まる**、なんてことがいえそうですね。

　実はここで述べた話は「<u>ウェーバー・フェヒナーの法則</u>」という名前で広く知られています。ろうそくの明かりで説明してみましょう。

　ろうそくが1本から2本になったとき明るさが「1増えた」と感じるとしましょう。ではろうそくが2本から3本になったら同じように明るさが「1増えた」と感じるかというと、そうではないのですね。私たちが感じる刺激は「差」ではなく「比」で決まるのですから、次に明る

さが「1増えた」と感じるのは2本のろうそくが（2倍の）4本になったときです。さらに次に明るさが「1増えた」と感じるのは4本を8本にしたときです。

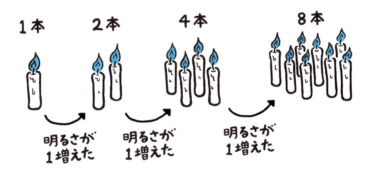

このようにろうそくの本数を倍々ゲームで増やしていかないと私たちには明るさが同程度増えたと感じられなくなるわけです。

この倍々ゲームのような増加の仕方を「指数的増加」といい、グラフにすると次のようになります。

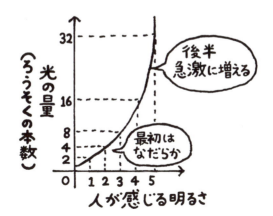

指数的増加は

　　　　「**最初はなだらかだが後半になると急激に増える**」

という特徴をもっています。

　このグラフの縦軸と横軸をひっくり返してみましょう。横軸が実際の光量、縦軸が「人が感じる光の強さ」ですね。「指数」のグラフは先にいくほど増え方が大きくなっていきましたが、こちらのグラフは先にいくほど増え方が鈍くなっていく、つまり

　　　　「**最初は急激に増えるが、後半ははなだらかになる**」

という特徴をもっています。
「光量が強くなればなるほど変化の感じ方が鈍くなる」
という感覚はこのグラフのほうがうまく表現できていますね。このような増え方を「対数関数的増加」といいます。

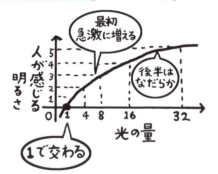

「指数」と「対数」は同じものの裏表。同じグラフに対して、どちらを動かしているものと見るか、というだけの違いです。ウェバー・フェヒナーの法則とは

　　　　人が感じる刺激を一定に増加させるためには
　　　　刺激の強さを指数的に増加させないといけない

ということもできますし

　　　　刺激の強さを一定に増加させると、
　　　　人が感じる刺激は対数的に増加する

ということもできます。

指数と感情
格闘漫画で「強さインフレ」はなぜ起こるのか

　学生時代にはあれほど難しい顔をしていた指数や対数が、実は私たちの「感覚」の中に自然に溶け込んでいたというのは面白いですね。実は**指数や対数はさまざまなエンタテインメントにも強く関わっている**ことを見ていきましょう。

　格闘漫画の常として、連載が進むにつれ敵がどんどん強くなっていくいわゆる「**強さインフレ**」というものがあります。連載の終わりくらいには主人公も敵も強くなりすぎて連載当初の強敵が雑魚キャラに見えてしまう、悲しい現象。もっとペース配分を考えればいいのに、なんて思っちゃうのですが、実はこれも数学的には起こるべくして起こる現象です。

　例えば、僕が子どもの頃に夢中になっていた『キン肉マン』を例に挙げましょう。この漫画が画期的だったのは**各キャラクターの強さを「超人強度」と呼び、はっきり数値化して見せてくれたこと**です。主人公であるキン肉マンの超人強度は95万パワー、ほかの超人もだいたい50万～100万パワーで、互角に戦っていたわけですね。

　そこに超人強度100万パワーを上回る7人の悪魔超人というのが出

現します。その大もと締めであるバッファローマンの超人強度はなんと1,000万。それを聞いたときの絶望感たるや。そのあまりの差に「**この敵はんぱねぇ**」と全国の小学生たちは驚愕し、興奮したものです。

　ただねぇ、これは正直、作者もサービス精神が過ぎたと思うんですよ。だってストーリー上当然のことながら、キン肉マンはその敵を倒してしまうわけで、あまつさえその敵が仲間になったりもする。そうなると困るのは次なる強敵の強さをどうするか。1,000万を出してしまった以上、1,100万や1,200万では敵が強くなっている実感はありません。

　バッファローマン登場時の「この敵はんぱねぇ」と同じレベルの興奮を小学生に味わわせようと思うなら、新しく強敵が登場するたびに2,000万、4,000万、8,000万と**刺激の強さを指数的に増加させないといけなくなります**。これが強さインフレと呼ばれるものの正体です。

　最終的に超人強度1億パワー近い超人が100万パワーにも満たない主人公に敗れるというよくわからない現象が発生し、読者の頭の中に「超人強度とは？」という大きなクエスチョンマークが浮かぶことになりました。

　もう1つ、ウェバー・フェヒナーの法則が、とてもわかりやすく可視化された例を紹介しましょう。それが「**クイズ＄ミリオネア**」というテレビ番組です。

　フォーマットはとてもシンプル。挑戦者は15題ある4択のクイズ問題に挑戦します。1題正答するたびに獲得できる賞金額が上乗せされ、15問の問題にすべて答えられれば賞金1,000万円を獲得。ただし途中1問でも間違えれば賞金はゼロ（もしくは大きく減額）となり退場

となります。面白いのは、挑戦者は1問正解するごとに「**次のクイズに挑戦する**」か「**現時点での賞金を獲得してゲームを終了する**」かを自分で決めることができるという点です。挑戦か妥協か、揺れ動く挑戦者の生々しい感情が垣間見え、クイズ番組でありながら、さながらリアリティショーを見ているような緊張感がありました。

さて、この番組の盛り上げに大きな貢献をしたのが賞金額の設定です。実際の賞金額は下表の通り。賞金額は5問ごとに

10万円 → 100万円 → 1,000万円

と10倍ずつ、つまり「指数」的に増加していることがわかります。

1問目	10,000円	6問目	150,000円	11問目	1,500,000円
2問目	20,000円	7問目	250,000円	12問目	2,500,000円
3問目	30,000円	8問目	500,000円	13問目	5,000,000円
4問目	50,000円	9問目	750,000円	14問目	7,500,000円
5問目	100,000円	10問目	1,000,000円	15問目	10,000,000円

それはなぜか。この番組にとって重要なのは**挑戦者の「行くか退くか」の葛藤**を生み出すこと。そのためには次の挑戦によって得られる賞金の誘惑が現時点の賞金をすべて投げ打つことに見合うものでなければならないからです。

25万円の賞金のために15万円を捨てられたとしても、35万円の賞金のために25万円を捨てることは躊躇するかもしれません。でも、それが50万円なら……またちょっと心が動きますよね。**賞金が指数的に増えていくことで挑戦者にとってはこの葛藤がずっと継続する**こ

とになるのです。実に巧みで悪魔的。これが「1問正解するたびに100万円ずつ賞金額が増えていく」なんて汎用な設定であったなら、この番組はここまでの興奮は生み出せなかったでしょう。人気番組のデザインの中にも、実は数学が生かされていたのです。

扉 の 解 説

$$\lim_{n \to \infty} \frac{n}{n+4} = 1$$

というのは「nが限りなく大きくなると、nとn＋4の比が1に限りなく近づく」という意味です。この感覚はnを年齢に置き換えてみるとわかりやすくなります。例えば1歳の幼児にとって4歳年上の兄との差は絶望的に大きなものに感じられるでしょう。でも11歳になってしまえば4歳年上なんて「ちょっとお兄さん」くらい。そして81歳になれば、もうその差を気にする人は誰もいなくなります。

COLUMN
ゆるい用語事典⑩

イデア

　紙の上に点を描け。別に難しい注文ではない。しかし私たちが見ているこの小さな黒いカタマリは本当に「点」であろうか。

●

　数学者ユークリッドは「点」を「位置はもつが大きさをもたないもの」と定義した。ん、だとするとこれは「点」とはいえない。紙の上に描かれた黒いカタマリには明らかに大きさがあるからだ。とはいえ大きさがないものをどうやって紙に描けばいいのか。「点を描け」は「屏風の虎を捕まえろ」と同じくらい無茶で理不尽な注文ではなかろうか。

　だからといって私たちが「点」というものを理解できないかというと、そんなことはない。私たちはこの紙の上の小さな黒いカタマリを見て「位置はもつが大きさをもたない」点を間違いなく想起できている。これってなんか不思議だ。私たちは直接肉眼に映る黒いカタマリの奥に、本来そうあるべき「点」の純粋な姿を見ているのである。

　この実体の奥にあるもの、目には見えないもの、でも「みんなの心の中にあるもの」を「イデア」と呼ぶ。言い換えれば「イデア」とは実体とは切り離された、でもあらゆる実体を包括する理想の雛形のようなものである。

　例えば「スター」といったときにマイケル・ジャクソンを思い浮かべる人もいれば、錦野旦を思い浮かべる人もいるだろう。武田鉄矢はどうだろう。素晴らしい歌手ではあるがなんとなくスターという言葉はしっくりこない。あれ、こう考えると、いろいろな人が思い浮かべている「実体」としてのスターの背後には、「スターとはかくあるべき」と誰もに共有されているスター像のようなものがある気がする。どこにもいない、でも誰もの心の中にいる、完璧で究極のスター。一番星の生まれ変わり。それがスターの「イデア」である。

　ちなみにイントネーションは「IKEA」と同じ。

097

COLUMN
ゆるい用語事典⑪

素 数

　1とその数以外では割り切れない2以上の自然数。化学でいう「元素」のようなもの。世界中のすべての物質が分解していくと何らかの元素の合成物になるように、すべての数は分解していくといくつかの素数の積になる。ただ「元素」が一定の秩序のもと限られた種類だけ存在しているのに対し、数の構成単位である素数は無数に存在し、その分布は驚くほどランダムである。

　数という概念をもつ生命すべてが共有できるほど単純な概念でありながら、誰もその全体像をつかむことができない底知れぬ深さ。人知をはるかに超えたなにかを感じないではいられない。素数の魅力にとりつかれた数学者は古来より数知れない。ただ、どんなにその魅力にとりつかれたとしても、夜景の見えるレストランで、意中の相手にする話題としてはNGである。その話が弾む確率は10桁までの整数中の素数の存在確率(約0.05%)よりはるかに低い。

COLUMN
ゆるい用語事典⑫

合 成 数

　2以上の2つの自然数の積に分解される自然数のこと。素数が数の世界の「元素」なら、合成数は数の世界の「化合物」に対応するであろう。合成数をこれ以上分解できない「素数」だけの積に書き表すことを素因数分解という。かけ算することと素因数分解することは、対等な操作のように感じてしまうが、実はそうではない。桁数の大きな素数をかけ合わせて合成数をつくるのは簡単だけど、それを素因数分解することは最新のコンピューターを使っても宇宙の寿命を超える年月がかかることもある。炭を燃やして二酸化炭素をつくるのは簡単だけど、二酸化炭素を酸素と炭素に戻すのは極めて困難である、というのとよく似ている。この極端な不可逆性は、現代の暗号理論の基礎にもなっている。

自 然 科 学 と 帰 納 法

世界のルールを推測する

フランスの詩人ラ・フォンテーヌが現代に生きてXをやっていたら、こんな炎上騒ぎが起こったかもしれませんね。

帰納と経験則
具体例からパターンをつかむ

　目の前に箱があり、箱の前にはボタンが1つあります。ボタンを1回押したところ、箱の表面に「1」と表示され、もう1回押したところ、「2」と表示されました。では、もう一度押したら……？

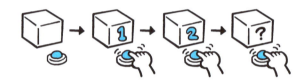

　おそらく誰もが、箱の表面に「3」と表示される絵を頭に思い浮かべるでしょう。これは、最初の2回で起こったことから「どうやらこの箱はボタンを押した回数を表面に表示しているらしいぞ」という<u>規則を推測し、その規則をもう一度ボタンを押したケースに当てはめたから</u>です。この考え方を整理するとこうなります。

> 1. いくつかの具体的な事例を観察する
> 2. 一般的にこういうことが成り立っているのであろうという規則を推測する
> 3. その規則を未知の事柄に当てはめる

　いままでこうだったから、次もそうだろう。これからもそうなるであろう。この「具体から一般的な法則を導く」ような考え方を「**帰納（きのう）**」と呼びます。

アメリカ出身のお笑い芸人、厚切りジェイソンの定番のネタを思い出してください。彼は漢字を学習する外国人として、数字の1、2、3を漢字でどう書くのかを学んでいきます。

　ここまで書いたところで彼はこういいます。「OK、パターン見えてきたよ」。これだけで彼が何を考えているのかは私たちに伝わってきますね。このとき彼の頭に浮かんでいるのはこんな漢字。

　この「パターン見えてきたよ」がまさに帰納的な考え方なのです。そして、これが観客にきちんと共有されているからこそ、4でそのパターンが破られたときの「Why Japanese people!」という絶叫が笑いにつながるわけですね。帰納が笑いのフリとして作用している例です。

　このように「帰納」という考え方は決して特別なものではなく、むしろ誰もの頭の中に、生まれたときから標準インストールされている機能であるような気がします。子どもというのは1歳を過ぎたあたりから、自己と他者、自分と外界を区別する意識が生まれるといわれています。自分の行動とその結果起こることの間にはなんらかのつながりがあるのではないか、とうすうす気がついてくるのがこの時期。でもそのルールは謎に包まれていて、誰も説明してくれません。いうなればチュートリアルのないゲームを始めさせられたようなものですよね。

テーマ 08 世界のルールを推測する

101

そういうとき、やるべきことは1つ。**とにかくいろんな操作を試す**ことです。触ってみたり押してみたり口に入れてみたり。そこからフィードバックを得ることでなんらかの規則を自分なりに見つけ出す。未知のものには、その規則を適用して何が起こるかを推測していく。

　以前、赤いものを食べたら、からかった。であれば、この目の前の赤いものも、からいのではないだろうか。

　このように、すり合わせと修正を行いながら、**世界のルールを帰納的に理解していく**わけです。

　この考え方は、自然科学を研究する最先端の研究者と、なんら変わりがありません。自然科学の目的というのは、究極的にいえばこの世界を司る法則を理解することです。この世界で起こっていることは神の気まぐれではなく、厳格な「**ルールブック**」によって定められているはずだ、というのが科学の大前提。しかし私たちは、その「ルールブック」を覗き見ることはできません。であれば、やるべきことは観察と実験を繰り返し、そこから「帰納的」にルールを推測していくことです。**帰納とは未知の世界を理解する唯一の方法**なのです。

科学界におけるパラダイムシフト
帰納は実証することができない

　ここで少し、引っ掛かりを覚えた人もいるかもしれません。「帰納」なんてカッコつけた言い方しているけど、結局「予想」じゃん。それって必ずしも<u>正しいとは限らないんじゃないの？</u>　と。

　はい、おっしゃる通り。帰納的に導かれた結論はあくまで「**確からしく見えること**」にすぎません。それが正しいといえる具体例をどれだけ並べても「確実に正しい」とはならないのです。恐ろしいのは、何万の証拠で裏づけられても、それを<u>成り立たせない例がたった1つでも見つかれば、簡単にひっくり返されてしまう</u>というところ。

実証はできない。でも反証は簡単

　これが悲しき帰納の宿命。

　小学生のよく使う「このゲーム買ってよ、みんなもっているよ」を検証してみましょう。ここでいう「みんな」とは、せいぜいこの子の身のまわりの2、3人のことを指していると考えて間違いありません。「タカシくんももっている」「ミキオくんももっている」、よって「みんなもっている」。日本一、雑な帰納法ですね。お母さんにとってこの言説を覆すのは簡単で、「タロウくんはもっていないでしょ」とそのゲームをもってない子どもを、誰でもいいから1人、具体的に挙げればいい。**<u>反証の例はたった1人でいいのがポイント</u>**です。つまり、この戦いは、小学生よりもお母さんに、はるかに分がいいものになります。

　小学生の「みんなもっているよ」に比べれば、自然科学の法則や理論ははるかに信頼性が高いものですが、帰納的に導かれたものである以

上、反証される可能性から逃れられるわけではありません。長い間信じられてきたことが、これから先もずっと正しいのかどうかはわからない。そう、

帰納は明日も正しいとは限らない

のです。

16世紀、**ティコ・ブラーエ**という天文学者が当時としては驚くべき高い精度で天体観測を行い、それを詳細に記録していました。**ケプラー**という科学者はその観測記録を細かく分析し、「**ケプラーの3法則**」を帰納的に導きます。そして17世紀の天才**ニュートン**はその「ケプラーの3法則」から今度は「**運動の3法則**」を帰納的に導きます。

ニュートン

この「運動の3法則」の完成度がとにかくすごくて、これを用いるとあらゆる力学現象を、正確かつ統一的に説明できてしまったんですね。**いや、もうこれ答えでしょ**、って具合に、それを下敷きにしていろんな科学者がどんどん理論を組み立てていったわけ。

こうしてできたのが「**ニュートン力学**」という一大体系。いわば揺るぎない地盤の上に構築された巨大な建造物のようなものです。それがあまりに堅固だったので、19世紀後半の科学界には「もはや物理学で解明できない問題はない」という万能感が満ち始めていました。ところがです。

20世紀に入り、科学界をざわつかせる事態が起こります。このニュートン力学ではどうしても説明がつかない物理現象が次々に観察され始めたのです。これがどれほど大変な事態かといえば、みんなでバカでかい建造物を建てた後に、「**よく調べたら基礎の部分にヒビが入っていました**」といわれたようなもの。当然、それは、その上に乗ったすべての建物の崩壊を意味するのです。

後に「**奇跡の年**」と呼ばれるようになる1905年、弱冠26歳、いまならZ世代と呼ばれていたであろう天才**アインシュタイン**は「**光量子仮説**」についての論文を発表します。それはまさに**ニュートン力学を根底からひっくり返すもの**でした。それが科学界に巨大隕石落下なみのインパクトを与えたことは想像に難くありません。

厳密にいえば、ニュートン力学は、完全に間違っていたわけではなく、私たちが**通常、知覚できる範囲の世界では「近似的に」正しく見えるもの**だったのです。

　しかしそれは、原子や電子レベルのむちゃくちゃ小さな世界にいくとまったく使いものにならなくなってしまう。日本では鉄板だけど海外ではまったく通じないお笑いネタみたいなもんですかね。その超ミクロの世界まで包括的に説明するにはニュートン力学が拠り所としていた「世界観」そのものを脱する、**まったく新しい世界の捉え方**が必要なことがわかりました。かくして天動説が地動説に変わったときと同じくらいのレベルの認識の大転換を、科学界は迫られることになります。この大転換のことを**パラダイムシフト**なんていいます。なんか必殺技みたいですね。会議が煮詰まったときに使ってみましょう。パラダイムシ〜フト！

　それにしても科学とはなんと残酷な世界であることか。自分が**人生を賭けて取り組んできた仕事が、ある日突然全否定される**ことがある

わけですから、たまったものではありませんね。でも、だからこそ心ある研究者は「絶対に正しい」なんてことは口にしないんです。仮にちょっと思ったとしても、心の中で小さくこの言葉をつけ加えます。

知らんけど

関西人が、さんざん、大口を叩いたあとに、それが伴う尊大さやら責任やらの一切を帳消しにする魔法の言葉。試しに有名な科学法則のあとにつけてみましょう。

> **質量保存の法則**
> 化学反応において、反応前の物質の全質量と、反応後に生成した物質の全質量とは等しい。知らんけど

た……頼りない。いや、でも冗談抜きで、これって意外と大切なことのようにも思えてきました。

よくテレビに科学者が登場して解説を求められたとき「〜と思われる」とか「〜の可能性がある」との言い回しを使います。一般の人からすれば「なんか歯切れが悪い」「きちんと断言してよ」と感じるかもしれませんが、むしろこれは科学者としての誠実な姿。

自分こそが正しいはずだという信念と、でも**ひょっとしたらそれは間違っているかもしれないという疑念**。それを両天秤にかけながら先の見えない細いロープの上を少しずつ前に進んでいくのが科学研究というお仕事なのです。「間違いなくこうなる」とか「100%こうだ」と信念だけが肥大したとたん、あっという間にバランスを崩してロープから落下してしまうことを科学者はよく知っているんですね。

　科学者が心の中で唱える「知らんけど」は決して責任を放棄する言葉ではなく、自分の信念が暴走し始めそうになったとき、そこにブレーキをかける戒めの言葉。それは**「帰納」に頼らざるを得ない人間の限界**を認める謙虚さであり、それでも**神のルールブックに手を伸ばさんとするものの覚悟と矜持**のように僕は思います。

COLUMN
ゆるい用語事典⑬

予　想

　「○○予想」は、誰もが正しいと確信しているが、誰も証明できない数学的な難問に対してつけられることが多い。

　有名どころでは「リーマン予想」がある。これまで幾人もの数学者がこの予想に挑戦し、そのあまりに高い壁に跳ね返されてきた。中にはのめり込むあまり、精神を病んでしまう人も現れるまでに。下手に手を出してはいけない数学界の特級呪物となっている。

　解決した予想も存在する。「フェルマー予想」は 1994 年にワイルズにより、「ポアンカレ予想」は 2003 年にペレルンマンにより、それぞれ肯定的に解決され、晴れて「フェルマーの定理」「ポアンカレの定理」と、予想から定理に格上げされた。

　つくづく思うのだが、定理に名前を残すのは解決した人ではなく、それを予想した人だというのは少々不公平な気もする。ん !? 逆にいえば問題を提起し難問と認められさえすれば、それを証明しなくても数学史上に自分の名を残せるということになる。よし、ダメもとでいい。果敢に予想していこう。

　使用例：リーマン予想はおそらく正しいのではないかと予想します。

テーマ
08

世界のルールを推測する

扉　の　解　説

「みんなもっているよ」という小学生的帰納法から大人になっても抜け出せていない人は、意外とたくさんいます。例えば自分のまわりにいた数人のフランス人がいっていたことを取り上げて「フランスではみんなこういっている」と、さも一般的な言説のような主張を展開する、いわゆる「主語を大きくする」タイプ。でも、本文でも書いたように、主語は大きくすればするほど反証は簡単なんです。この場合も「俺はそんなこといってないよ」というフランス人が 1 人でも現れれば、この主張はひっくり返されてしまいます。
　　　　　　　すべての道はローマに通じる
は誰もが知る主語デカフレーズですが、ここまでデカいとむしろ清々しい気もします。いずれにせよ、ディベートで勝ちたければ主語は大きくしないのは基本中の基本です。

COLUMN
ゆるい用語事典⑭

仮 定

「PならばQ」という推論において、Pにあたる部分を「仮定」という。「仮定」はその後のQにあたる「結論」とセットとなる。よく仮定を「予想」や「推定」と同じような意味に勘違いしている人がいるが、これらは明確に区別されるべきものである。

仮定は推論の出発点となる言及なので、それ自体が「正しい」という主張ではない。「僕の孤独が魚だとしたら」(伊坂幸太郎)、『もし僕らのことばがウィスキーであったなら』(村上春樹)、「もし威勢のいい葬儀屋がいたら」(ドリフ)などはどれも仮定の話であり、実際にそうであったらたまったものではない。

「PならばQ」という推論が否定されるのは、Pが正しいのにQが間違っているときに限る。例えば「私が鳥だったらあなたのもとに飛んでいくのに」という言及に対して、「嘘をつくな、おまえ鳥じゃねえだろう」と返すのは正当な批判とはいえない。「嘘をつくな、おまえが鳥だったら、推しのコンサート会場に飛んでいくだろう」というなら正当。

仮定そのものが間違っている場合は、その推論は常に正しいことになる。例えば「1+1=3ならば雪は黒い」は、(意味はないが)正しい推論である。「僕がロミオなら、君はジュリエットだ」と手を握りながら見つめあう若いカップルがいたとしても、たぶんその男はロミオではないだろうから、嘘をいっていることにはならない。やさしく見守ろう。

テーマ 09

公理と演繹

数学における「正しさ」とは

一般人、工学者、数学者の3人が海外旅行でイギリスの農場を訪れた。するとそこに1匹の黒い羊がいるのが見えた。
一般人「へえー、イギリスにいる羊はみんな黒いんですね」
工学者「それは正確ではないよ。イギリスにいる、少なくともこの羊は黒いというべきだよ」
数学者「いや、それも正確ではないね。イギリスにいる少なくともこの羊の、少なくともこちら側は黒いというべきだよ」

解説は P.120 へ！

数学の信頼性
2000年前の数学はオワコン!?

　前章では**自然科学**の話をしましたが、ここでは**数学**の話をしましょう。自然科学は、教科書に載っていることが100年後も正しいかどうかは、誰にもわかりません。だったらそれは、数学にだっていえることなのではないの？　と思われるかもしれませんね。

　ここに、断言します。<u>**数学で現在正しいといわれていることは、100年後も1000年後も正しくあり続けます。**</u>

　おいおい、さっきいっていた「謙虚さ」とやらはどこに行ったんだよ、と思われるかもしれませんが、実はここが、<u>**数学がほかの学問と明確に一線を画すところ**</u>なのですね。自然科学は未知のものを「帰納」的に推測していくスタンスですが、数学がとるスタンスは、これとは180度違います。「帰納」と真逆の考え方、それが「演繹」です。これは、**エンエキ**と読みます。

　帰納が「具体から一般」という思考の流れだったのに対して、演繹は<u>「**一般的な法則から具体的な事例を考える**」</u>手法です。

　私たちが演繹的な思考に触れるのは、本を読んだり学校に行ったり

するようになり、いろいろな一般論を知識として身につけ始めたころです。例えば先生が「**昆虫には足が6本ありますよ**」と教えてくれたとします。ここであなたに「**カブトムシは昆虫だ**」という知識があれば、その2つを使って「**カブトムシは足が6本ある**」という結論を導くことができるはずです。いわゆる「**三段論法**」ですね。

　この推論をするのに具体的なカブトムシを目にする必要は一切ありません。安楽椅子に座って事件の謎を解き明かす探偵のように、頭の中だけで、すべて論理は完結します。演繹による推論の特徴は、**前提が正しい限りその結論は必ず正しい**ということにあります。「**帰納**」の**ように反証される可能性はない**わけですね。

　でも、待って。そもそもの前提が間違っていたらどうするの？　そこから出てくる結論が正しいとは限らないんじゃないの？　といわれればその通り。例えば次の三段論法。

> 「すべての人は小野妹子である」 —前提
> 「あなたは人である」
> よって
> 「あなたは小野妹子である」 —結論

　これ、論理的には100%正しいのですが、前提のクセが強すぎたため、よくわからない結論が導かれてしまう例です。演繹において「前提」の選び方がとても大切だということがわかりますね。

　では**数学が「前提」としてもってくるもの**は何か、というと、それは100人いたら100人が満場一致で正しいというであろうこと、つまり、**もはや議論の余地がないほど当たり前**の事実です。

　おなじみ幾何学を例に出して考えてみましょう。幾何学をつくったのは**ユークリッド**という数学者です。

　ユークリッドは議論を始める前に、次の5つのことをその「前提」にすると宣言しました。

1. **2つの点があれば、それを結ぶ直線を引くことができる**
　異論がある人？　いませんよね。

2. 線分があったら、それを延長して直線にすることができる

でしょうね。

3. 好きな点を中心とする好きな半径の円を書くことができる

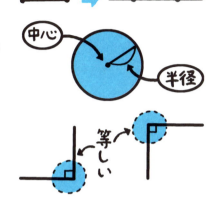

そりゃそうだ。

4. すべての直角は等しい

わかる。

5. 1つの線分が2つの直線に交わり、同じ側の内角の和が2直角より小さいならば、この2つの直線は、限りなく延長されると2直角より小さい角のある側において交わる

これだけちょっと長いけど、わかりやすくいうなら「両腕を前に伸ばしたとき、腕と胸のなす左右の角の和が180度より小さければ、その両腕をずっと延長した先は、どっかで交わる」ということ。

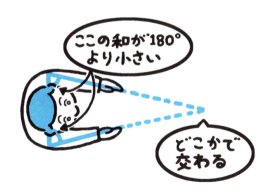

どれもいわれるまでもない「バカみたいに当たり前」のことでしょ。この「バカみたいに当たり前」のこと、言い換えれば**理由なく正しいと認めていい主張**」のことを数学では「公理」といいます。ユークリッドは幾何学を始めるにあたり、この５つの「当たり前」をリストに並べ**幾何の公理**としたのです。「いや、こんな当たり前のことしか書いてないリストになんの意味があるんだよ、USBメモリについてくる取扱説明書くらい、いらねぇよ」と思うかもしれませんが、ここからがユークリッドのすごいところ。

　ユークリッドはこの５つの公理からスタートして、次々と新しい事実を導いていったのです。そこで使ったのが先ほど説明した演繹という手法。演繹は、前提が正しいなら結論も必ず正しい。私たちは５つの公理を「正しい」と認めたのですから、**そこから導かれた主張も「正しい」と認めなければなりません。さらに新しく得られた「正しい」主張から得られた別の主張もまた「正しい」**のです。

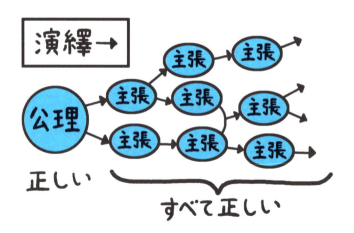

種から苗、そして巨木に成長していくように、ユークリッドは次々と「正しい」事実を導き出し、<u>ユークリッド幾何</u>という体系をつくりました。こんにち、私たちが学校で学習する「<u>三角形の内角の和は180度である</u>」も「<u>円周角は等しい</u>」も「<u>直角三角形の斜辺の2乗は、ほかの2辺の2乗の和に等しい</u>」も、すべてここに含まれています。

　ところでこのユークリッドっていつの時代の人だと思いますか。50年前？　100年前？　とんでもない。なんと彼は紀元前の数学者です。つまり私たちは<u>2000年以上前につくられた数学を、当時となんら変わらない形で、今も学校で教わっているのです。</u>これがいかにすごいことかわかるでしょうか。一世を風靡した人も10年20年経てば古臭いとか老害とかいわれ、どんな堅牢な建物も100年経てば劣化して壁が剥がれ落ちてくる。そんな諸行無常、盛者必衰の世の中で、ユークリッド幾何は時の流れから切り離されたかのように、つくられたときの輝きを保ち続けているのです。なんかちょっとSF感がありますね。

　ユークリッドが行った<u>「正しい」とされている事実から演繹的に別の「正しい」といえる事実を導くという手続き</u>のことを私たちは<mark>証明</mark>と呼びます。ユークリッドの真の偉大さは幾何の体系をつくったことだけ

でなく、**どんなもっともらしい主張も証明という手続きを踏まなければ「正しい」とは認めない**という数学の規範をつくったことにあります。この厳格な規範のお陰で、数学で「正しい」と認められたことは、反証によって覆されることも、経年劣化することもなく、つくられた当時もいまもそしてこの先も、正しくあり続けるのです。**あらゆる学問の中で唯一オワコンにならない学問**、それが数学。数学が「**最も信頼される学問**」といわれるゆえんは、ここにあります。

数学者と帰納法
ワインに泥水を一滴垂らせば、それは泥水になる

　すべての数学的事実は「証明」という手続きを経て「正しい」と認定されなければならない。いわば、とても厳格な会員制のクラブみたいですよね。このクラブに入会するための条件は、すでに会員になっている人から「この人は正しい人ですよ」と証明をしてもらうこと。面倒臭いですが、この厳格な手続きがあるから、このクラブの会員なら全員正しい人だという信頼を得ることができているわけです。もし「身内だから」とか「お世話になっているから」とかいう理由で、正式な入会手続きを経ずに会員になる人を1人でも許せばどうなるでしょう。「1人くらいならいいか」ってことにはなりませんよね。疑わしい人が1人入れば、その人が招待した人も、その人が招待した人が招待した人もすべて疑わしい人になります。これが連鎖すれば、誰が正しく、誰が疑わしいのかはわからなくなり、クラブの信頼はあっという間に崩壊するでしょう。よくいうように「**ワインに泥水を一滴**

垂らせば、それは泥水になる」のです。

　だから数学者というのは「正しい」の認定にはちょっと神経質なほど厳格になります。1つ、こんな例を見てみましょう。

　1を3つ以上並べてできる数をいくつかつくってみましょう。それはどれも下のように2つの2以上の整数の積に分割できます（このような数を**合成数**と呼びます）。

$$111= 3 \times 37$$
$$11111=41 \times 271$$
$$111111= 3 \times 37037$$
$$1111111=239 \times 4649$$
$$11111111=11 \times 1010101$$
$$111111111= 3 \times 37037037$$
$$1111111111=11 \times 101010101$$

ここまでくると
**　　　1を3つ以上並べてつくられる数は必ず合成数である**
といいたくなりますね。これが「帰納的」な思考です。しかしどれだけ具体例を並べてもこの主張が「正しい」と言い切ることはできません。ここは数学者が死んでも譲らない最終防衛線。長州小力が長州力ではないように、「ほぼカニ」がカニではないように、「<u>限りなく正しい</u>」は「**正しい**」では**ない**のです。

　実際、1を19個並べた時点でこの規則は破られます。この数は「どんなに頑張っても分割できない数（素数）」なんです。

**　　1111111111111111111 ←分割できない**

　何、この異様にフリの長い厚切りジェイソン。いやいや、それでも

19個目で反例が見つかるのは、まだ、ましなほうなんです。例えば

$$n^2 - n + 41 \text{ は素数である}$$

という主張は n が 1 から 40 までは正しいのですが、41 で突然成り立たなくなります。

$$n^{17} + 9 \text{ と } (n+1)^{17} + 9 \text{ の最大公約数は 1}$$

であるという主張は、n が 1 から

8424432925592889329288197322308900672459420460792432

までは正しいのですが

8424432925592889329288197322308900672459420460792433

で突然成り立たなくなります。ちょっと頭がクラクラしてきましたね。「1万回ダメでも、1万1回目はうまくいくかもしれない」と歌うのがドリカムなら、「1万回うまくいっても、1万1回目はダメかもしれない」と考えるのが数学者。この異様なまでの用心深さと融通の利かなさが、数学という堅牢な砦を守っているのです。

扉 の 解 説

「1匹を見て全体を推測する」のはさすがに乱暴な議論であろう。しかし数学者の厳密さは「片面を見て両面を推測する」ことすら許さない。数学者！ そういうとこだぞ！

COLUMN
ゆるい用語事典⑮

公理

　ある法則は、より単純な法則の上に成り立っている。その単純な法則も、さらに単純な法則の上に成り立っている。「土台に、そのまた土台に」と、どんどん掘り下げていくと、最終的にはどんな法則からも証明することはできない、つまり「当たり前のこと」として認めざるを得ない事実にぶつかる。これを「公理」と呼ぶ。数学とはいくつかの「公理」の上に積み重ねられた構造物なのだ。

「公理」は必要以上にたくさんあってはならないし、またそこから組みあがる体系に矛盾を生じさせるものであってもいけない。それに注意しながら慎重に選びぬかれた「公理」の集まりを「公理系」と呼ぶ。

　ここで重要なのは、何を「公理系」として数学を組み立てるかは、基本的に数学者の自由だということだ。

　公理系とは人それぞれが絶対的に正しいと信じる「行動規範」のようなものだと考えると、わかりやすいかもしれない。各々がその「行動規範」の中で正しいと導かれる行動を取るとき、誰かにとっての「正しいこと」が、別の誰かにとっての「正しいこと」であるとは限らない。ある文化圏で善とされている行いが、別の文化圏では悪とされる、などということが起こるのは、各文化圏において「公理系」の取り方が違うからだ。

　人の数だけ正しさがあるように、「公理系」の数だけ数学は存在する。

　使用例

「Aであることを証明せよ」

「私はたったいま、Aを公理に採用した。よって、Aは正しい」

テーマ
09

数学における「正しさ」とは

COLUMN
ゆるい用語事典⑯

アルキメデスの公理

とてつもなく大きな数 M があったとしよう。どんな小さい数 ε であっても、何度も何度も繰り返し足していけばいつか必ず M を超えることができる。言い換えれば $ε × n > M$ となるような自然数 n が必ず存在する。いわゆる「ちりも積もれば山となる」の数学的表現。

日米通算 4,367 安打という大記録を達成したイチローは、かつて「小さなことを積み重ねていくことが、とんでもない場所にたどりつくためのただ1つの道だと信じています」と語っていた。数学的に翻訳すれば「この世界はアルキメデスの公理が成り立っている」といったわけだ。よく考えてみれば当たり前のこと。でもその当たり前ができる人がほとんどいないからこそ、この言葉は尊いのだ。

COLUMN
ゆるい用語事典⑰

平行線の公理

ユークリッドが幾何学を組み立てるにあたり、その土台に据えた5つの公理の中の最終公理（P115 参照）。この公理から、中学生なら誰もが知っている「三角形の内角の和が 180 度」が導かれる。この公理はほかの公理（2点を結ぶ直線が引ける、線分を延長して直線にできる、など）に比べて露骨な当たり前感は薄く、早い段階からこれはほかの公理から証明することが可能なものではないかと疑われていた。ところが 19 世紀にガウスやリーマンなどの数学者によって、平行線公理が独立した公理であること、それどころか平行線公理を否定した矛盾のない幾何学（非ユークリッド幾何学）が存在し得ることが発見されてしまう。

数学的な真理とは唯一絶対のものであるという古典的な価値観は、この非ユークリッド幾何の発見により大きく揺るがされることになる。と同時に、これを公理に採用したユークリッドの洞察の偉大さが改めて強調されることにもなった。

価値と相対

価値とは相対的なものである

ある高齢の男性が、高速道路でクルマを運転していると、妻から電話がかかってきた。妻は心配そうな声でいう。「あなた、気をつけて。いまラジオで280号線を逆走しているクルマが1台いるっていっていたわよ」。男性はこう返した。「ああ、わかっている。でも1台どころじゃない。何百台もいるんだ！」。

解説は **P.135** へ！

価値判断の基準
基準が変われば見え方が変わる

　スウィフトが著した『ガリバー旅行記』は、ガリバーという旅行者がさまざまな奇妙な国を訪れる冒険譚です。
　このガリバー旅行記の中で最も有名なシーンはこちら。

　なんの先入観もなくこの絵を見たとき、私たちはこの状況をどう理解するでしょう。
A：**1体の巨人がたくさんの人間によってロープで縛られている**
と解釈するのが普通ではないでしょうか。でも、ご存じの通り、ここで起きていることはその逆です。これは「小人の国」を訪れたガリバーが捕らえられたときの様子を描いたもの。この縛られている人物こそが主人公ガリバーであり、そのまわりにいるのが小人なのです。

つまりこれは

<u>B：1人の人間がたくさんの小人によってロープで縛られている</u>

という図です。

　自分から見れば小人。でも、小人の国に行ったとたん自分のほうが巨人となる。<u>**価値とは相対的なものである**</u>。スウィフトが寓話の形で伝えようとしたメッセージが、このたった1枚の挿絵の中に見事に表現されていますね。

　1つ興味深いのは、予備知識なしで最初の挿絵を見たとき、多くの人が**Bの解釈よりもAの解釈のほうに引っ張られてしまう**という点です。おそらくこれは単純に多数決の問題である気がします。挿絵の状況がそもそも「あり得ない」のですが、そこになんとか辻褄を合わせようとするならば「<u>1人だけ巨人</u>」と考えたほうが「<u>1人以外が全員小人</u>」と考えるよりもまだ現実味はある。同じ「あり得ない」の中でもできるかぎり無理の少ないほう、現実からの隔離が少ないほうを脳は瞬時に選び取っている、と考えると面白いですね。<u>**荒唐無稽なファンタジーの世界でさえ、私たちはできる限り現実的であろうとする**</u>のです。

　さて、上の例で「よりたくさんあるもの」は価値判断の「基準」になりがちだということを見ましたが、さらにそこにもう1つつけ加えるならば、<u>**より見慣れているもの**</u>です。ネットショッピングの商品写真で商品の横にコインやマグカップなどの日用品を置いているのを見たことはありませんか。これは商品がどれくらいのサイズなのかをわかりやすくするため、つまり大きさの判断基準として誰もが「見慣れている」コインやマグカップを利用しているのです。

例えば下のイラストを見てください。

　これを見れば、誰もが「**マッチ棒くらい小さいカメラ**」があるのだなと判断しますよね。「**カメラくらい巨大なマッチ棒**」の可能性も同等にあるはずなのですが、その解釈は意識にのぼるより早く却下される。**それほど見慣れているものへの信頼は絶大**なのです。
　でもその信頼は、逆手に取れば人を欺くことにも使えるかもしれません。この商品を買った人に通常サイズのカメラと巨大マッチ棒を送りつける「マッチ棒詐欺」なんてどうでしょうか。
　ただし、このマッチ棒詐欺が流行すると、巨大マッチ棒に需要が生まれ、それがネットで販売されるようになります。そうなるとこの「巨大マッチ棒」の大きさはどう説明すればいいのでしょう。試しに対象物として横に10円玉を置いてみます。

もはや、巨大マッチ棒なのか極小10円玉なのかわからなくなってしまいました。2つとも見慣れたものだとどちらを信頼していいのかわからず、大小がぐらんぐらんと揺れ動く不思議な現象が生じます。

　かくして「マッチ棒詐欺グループ」に巨大マッチ棒と偽って普通のサイズのマッチ棒を売りつける「10円玉詐欺グループ」が誕生し、「マッチ棒詐欺グループ」はその報復として「10円玉詐欺グループ」に極小10円玉と偽って普通のサイズの10円玉を売りつけます。かくして血を血で洗う、いや認知を認知で洗う詐欺グループの仁義なき戦いが始まるのです。ファイッ！

どちらを信頼するか
脳は見慣れているものを選択する

　ここまで見てきたことからわかるのは、私たちの**脳は見慣れているものへの信頼を揺るがされるといとも簡単に欺かれてしまう**、ということです。

　学生時代に、ある劇団の演劇を見にいきました。100人程度のキャパの小さな劇場。でも客席についた瞬間、少し違和感を覚えました。**舞台が微妙に右から左に傾いていたのです。**実はこれは意図的な演出。この演劇はいわゆる不条理劇だったのですが、舞台の傾きが醸し出す居心地の悪さ、寄る辺なさが、演劇の内容とも絶妙にリンクして見事な効果を上げていると感じました。

　終演後、知り合いの演者に挨拶にいき、その感想を述べた後、雑談として「傾いた舞台だとやりにくかったんじゃないですか」と質問して

みました。それに対する返事はとても驚かされるものでした。
「いえ、舞台はまったく傾いていませんでしたよ」。

　いやいや、そんなはずはない。そうだとしたら僕が見ていたのはなんだったのだ。

「実は傾いていたのは舞台セットなんです」

　……やられた。思い返してみると、その舞台の背景にはアングルがむき出しになった３段組の簡素な棚がいくつも並べられていました。それらのセット全体が実は微妙に傾けられていたのです。

　日常で、曲がった柱や傾いた棚は、まず目にしません。だから直線で構成される構造物を見たとき縦の線は地面と垂直だろう、横の線は水平であろうと考えてしまう。これも「見慣れているものへの信頼」ですね。信頼しているものをずらされたことで本来傾いていない舞台を傾いていると錯覚してしまったわけです。この傾いた舞台の記憶は、20年以上経った今も僕の中に残っています。

この認知のズレをうまくエンタメの領域に落とし込んでいる例を紹介しましょう。それが立体錯視の世界です。下の写真を見てみてください。円柱形の2つの柱が地面に立っていますね。

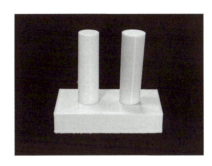

　ここに右側から細長い棒を差し込んでいきます。するとこの棒は右の柱の後方を通過した後、左側の柱の前方を通過していくのです。

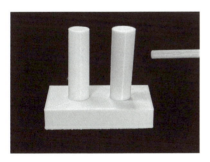
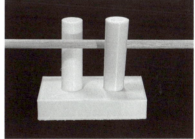

　まさに「騙し絵」でしか起こり得ないような不合理な状況が現実の物体で再現されています。

種を明かすと、この不可能図形はある特定の角度で見たときにしか成立しません。ほんの少し図形を横に傾けてみましょう。垂直に立つ円柱だと思っていた物体は、実は手前と奥に大きく傾いていたのです。

少し斜めから見ると…　　　　　　　　横から見ると…

　私たちがある角度から立体的な造形物を見たとき、私たちが得ることができるのは、**その造形物がもつ情報の一部**です。例えば下図Aの見取り図が与えられたとき、その立体図形が横から見たときにはBなのかCなのかDなのかは判断できないはずですね。

しかし私たちの脳は、その足りない情報を勝手に補完しようとします。そのとき無数の可能性の中から「最も見慣れているもの」、つまり**「地面に垂直に立っている円柱」**を選択するわけです。この思い込みを利用すれば一見不可能に見える立体図形が「人の脳の中でだけ」は再現できてしまう。これが立体錯視の基本的な原理です。
　「百聞は一見に如かず」といいますが、その「一見」とはいかに偏見と思い込みに溢れたものなのか──。こういう例を見ると、実感させられますね。

パントマイムと錯覚
パントマイムは人の価値基準を動かすことで成り立つ

　僕は長く**パントマイム**という芸に携わってきました。パントマイムも立体錯視と同様に、**思い込みを上手にすくい上げて不可能な世界を想起させることで成り立つ芸**です。
　パントマイムで「物を重たく見せる」というテクニックがあります。風船を鉄球のように両手で抱えたり、ほうきをバーベルのように持ち上げたり。ここでこのテクニックを使った２つのパントマイムの小作品（スケッチ）を見てもらいましょう。

【スケッチ1】
①演者が舞台に置かれたカバンを持ち上げようとする。だがカバンは重く、どんなに力を込めても上に持ち上げることができない。
②演者は客席から1人の子どもを呼び寄せ、カバンを持ち上げるようにいう
③子どもはひょいと簡単にカバンを持ち上げる。

【スケッチ2】

①演者が舞台に置かれたカバンを持ち上げようとする。だがカバンは重く、どんなに力を込めても持ち上げることができない。

②演者はカバンの上にホコリが積もっているのを見つけ、軽く手で払い除ける。

③演者はひょいと簡単にカバンを持ち上げる。

2つのスケッチをよく見比べてみてください。どちらも起こったことは「**持ち上がらなかったカバンが持ち上がった**」というものです。ところがその理由をどう解釈するかという点において、2つのスケッチには違いがあります。シナリオを読んだとき、みなさんは【スケッチ1】では「カバンの重さは変化していないが、**持ち上げる人の力の強さが変わったのだ**」と感じ、【スケッチ2】では「持ち上げる力は変化していないが、**カバンの重さが変わったのだ**」と感じたのではないでしょうか？　同じ結果なのに「**変化しているもの**」**が違う**ことに気づきますね。

　そもそもパントマイムは「嘘」の世界なのですからどんな不合理なことが起ころうがいいはずです。それでも私たちの**脳はその不合理をできる限り合理的に説明できるストーリーを見つけようとします。**

　2つのスケッチにおいてシーン②で起こったことに注目してみましょう。【スケッチ1】ではカバンには何も起こっておらず、それを持ち上げる「人」が変わりました。であれば、カバンが持ち上げられた理由は「人」である、つまり**持ち上げる力が強くなったのだ**というストーリーがつけられます。一方、【スケッチ2】ではカバンの状態に変化がありました。であれば、変わった理由は「カバン」である、つまり**カバンの重さが軽くなったのだ**、というストーリーがつけられます。

　変化したのは力なのか重さなのか、どちらの可能性も同等にありうるのですが、人の脳はより「理屈が通るほう」を選択します。そして何より面白いのが、こうして脳が懸命に辻褄を合わせようとした結果、子どもがむちゃくちゃ力持ちであったことになり、ホコリがむちゃくちゃ重たいものだったということになる、というまた別の不合理が爆誕してしまうところ。これがこの作品の不条理な可笑しみを生んでい

るわけですね。

合理的であろうとする脳と、そうであるからこそ生まれる不合理。
演者はその対立を意図的に観客の頭の中につくり、観客はそのアンビ
バレントな感情の揺らぎを楽しむ。パントマイムはそんなとても高度
な**想像の遊戯**といえるのです。この遊戯、子どものほうが大人よりも
ずっと得意です。

テーマ
10

価値とは相対的なものである

扉 の 解 説

「まわりの人全員が間違っている」と主張するとき、間違っているのは自分のほう
ではないかということには、なかなか考えが及ばないものです。そう考えると、さ
まざまな価値判断の基準の中で最も引力が強いのは「自分」なのかもしれません。

COLUMN
ゆるい用語事典⑱

小さくないほう

　すずめのお宿に招待されたおじいさんが帰ろうとするとすずめがこういいました。
「幕の向こうにつづらが2つあります。どうぞお好きなつづらをおっしゃってください。それをお土産に差し上げます」。
　意地悪おじいさんはいいました。
「じゃあ大きいほうのつづらをもらおうかの」。
　すずめが幕を開けるとなんとそこにはまったく同じ大きさのつづらが2つ。
「残念ながら大きいほうのつづらはこの中にはありません。どうぞお引き取りください」。
　おじいさんよりよっぽど意地悪なすずめのお話。
　このように2つのうち「大きいほう」といってしまうとそれが存在しないことが起こり得る。ではここでおじいさんはどういうべきだったのだろう。その答えは「小さくないほう」である。この表現は2つのつづらが異なる大きさのときは当然「大きいほう」と同じ意味であるし、仮にまったく同じ大きさだったときはどちらにも当てはまるので、どちらをもらっても（あるいは両方もらっても）かまわないという理屈である。
　数学で使われる Max (a, b) という記号があるのであるが、この記号は「a と b の2数のうちの小さくないほう」と定義される。最初に聞いたときはどうして「大きいほう」といわずこんな回りくどい言い方をするのか理解に苦しんだのだが、決して嫌がらせではなく、そこには上のような事情があるのだ。

136

テーマ11 情報の非対称性
「知っている」ことを知っている

上の会話のように「『｛【知っていた】ということを知っていた｝ということを知っていた』ということを知らなかった」という状況はあり得るでしょうか？

解説は P.147 へ！

情報の格差
人のもっている情報には差がある

　僕の通っているスポーツクラブでは、「プール利用者はプールエリアの入口のシャワーで体を洗ってから入場する」という規則があります。一方、まずはマシンでひとしきり運動した後、更衣室のシャワーで汗を流し、その後プールで泳ぐというのが僕のルーティン。つまり、プール入場時には僕はシャワーを浴びた直後なわけです。さすがにこの場合はシャワーはスキップしてもいいだろうと素通りしようとしたら、ジムスタッフに「シャワーを浴びてもらえますか」といわれました。

　一瞬、理不尽なお願いに感じたのですが、よく考えればそういわれるのは当たり前です。なぜなら「**僕が直前にシャワーを浴びている**」ということを**スタッフが知っているはずがないから**です。
　いや、仮にスタッフが僕のルーティンを知っていたとしても、「シャワーを浴びてもらえますか」というべきでしょう。なぜなら、そのスタッフは僕がシャワーを浴びたことを知っていたとしても、ほかの利用者は「**『スタッフがそれを知っている』ということを知らない**」可能

性があるからです。僕の素通りを許せば、ほかの利用者は「スタッフが規則を守らない人を見逃している」と考えるかもしれません。

　ここでシャワーを浴びる行為は一見無意味な行動のようですが、「**僕がシャワーを浴びた**」**という情報を全員が知っている状態にする**ということに関しては意味をもつわけです。

　人は得てして、**自分が知っていることは誰もが知っている、知っているべきだと考える**傾向があります。しかし、残念ながら私が知っていることをあなたが知っているとは限らないし、あなたが知っていることを私が知っているとは限りません。もってまわった言い方をすれば**情報とは非対称なもの**なのです。

　世の中にはこの「**情報の非対称性**」によって成立している仕組みがたくさんあります。例えば「手品」なんてその最たるものですね。マジシャンが裏向きに広げたトランプの1枚を客に選ばせ、そのカードが何かを言い当てるというシーンを考えてみてください。

　実はこのカードの裏には秘密の印があって、客が選んだカードを裏側から知ることができるとします。ポイントは「**そのことをマジシャ**

ンは知っているがほかの人は知らない」ということ。だからこそこれが手品となり得るわけです。もしその秘密を「みんなが知っている」状態になったら、すべてはとたんに当たり前のことになってしまいます。**手品とは情報の非対称性によって成立する芸能**なのです。

　ドッキリ番組というのもそうかもしれません。仕掛け人、および視聴者はなにが起こるかを知っていて、仕掛けられる人（ターゲット）だけがそれを知らない。このように、情報の非対称性を意図的につくり出し、そのターゲットのリアクションを楽しむのがドッキリの構造ですね。ところがたまにそのターゲットがすべてを把握していて、むしろ仕掛けたほうが騙される「逆ドッキリ」というパターンが存在します。この場合は仕掛け人もターゲットもなにが起こるかを知っている、でも仕掛け人は「ターゲットはなにが起こるかを知っている」ということを知らない、というちょっと入り組んだ構造をしているのですね。このようなエンタメを楽しんでいるとき、私たちの頭の中では意外と複雑な**情報の交通整理**が行われていることに気がつきます。

戦争と情報
情報の非対称性は一方にとって有利に働く

　競合関係にある二者にとって「情報の非対称性」は極めて重要な問題になります。「自分は知っているが相手は知らない」という情報は、それをもっているほうが圧倒的に優位に立つことができるからです。

　第二次世界大戦におけるイギリスとドイツの戦いを例に取りましょう。ドイツ軍は通信に**エニグマ**と呼ばれる機械的な仕組みを使った非常に強固な暗号を使用していました。ドイツは通信を傍受されてもその内容を知られることはないのですから、公然と秘密のやり取りができます。「通信の内容をドイツは知っているが、イギリスは知らない（そのこと自体は両者とも知っている）」という状態。この非対称性はドイツに対して極めて有利ですね。

　このアドバンテージをもつドイツ軍は、潜水艦で連合軍の輸送船を次々に沈め、補給路を絶たれたイギリスは窮地に立たされていました。その厳しい状況を一転させたのが、イギリスの数学者**アラン・チュー**

リングです。彼は巨大な電気機械装置をつくり、それを用いて、難攻不落のエニグマ暗号の解読に成功します。これでドイツの情報はイギリスに筒抜け。でも恐ろしいのはここからです。

　イギリスの情報部は、**次にいつどこが攻撃されるかを正確に把握していながら、そのなかのいくつかの攻撃は黙認した**といわれています。なぜか。もしすべての攻撃が待ち伏せされていればドイツは「暗号が解読された」ということに気がついてしまうかもしれません。そうなれば２国の関係は対等に戻るだけです。

　ところが「**イギリスが暗号を解読した**」**という事実をドイツが知らない**となればどうでしょう。ここに「自分は知っているが相手は知らない」という新しい情報の非対称性が生まれます。それは先程の立場を完全に逆転させるものになります。イギリスは味方を見殺しにしても「暗号解読」の事実を隠し、情報の優位性を保とうとしたのです。

実際、この「情報の非対称性」は戦局を大きく変化させました。ドイツは最後まで暗号が解読されていることに気がつかず、ついに連合国に降伏。イギリスの非情な作戦が、同時に大戦の終結を3年早め、結果的に何百万人の命を救ったといわれています。

　アラン・チューリングについてもう少しだけ。彼が成し遂げたのは敵国の暗号を解読したことだけではありません。彼が暗号解読のためにつくった機械は、みなさんが現在使っている**電子計算機、いわゆるコンピュータの原型**であるといわれています。

　そう、彼こそが「コンピュータの父」なのです。それこそナポレオンやエジソンやスティーブ・ジョブズと並び、称賛されて然るべき偉人ですよね。ところが彼のその業績は国家機密として扱われ、家族や親しい友人にすら知らされることはなく、終戦から10年後の1954年、誰に感謝されることもなく、チューリングは41歳の若さで非業の死を迎えることになります。エニグマ解読の事実がようやく公表され、世間が彼の存在と功績を知ったのはそれからさらに20年近く経った1970年代でした。

コモンナレッジ
情報の対称性が生み出す無限の入れ子構造

　ここまでは情報の「非対称性」ついてみてきましたが、今度は「**対称性**」について見てみましょう。「情報が『対称』である」とは、その情報を「みんなが知っている」状態のこと、といえそうですが、実は話はもう少し複雑です。先程のイギリスとドイツの例からもわかるように、「みんなが知っている」という状態と「『みんなが知っている』ということをみんなが知っている」という状態は、似ているようで少し違うからです。

　例えば、数人の社員からなる中小企業があったとします。社長は社員全員と秘密裏に面談を行い「実は、この会社は来月倒産する。でもどうかこのことはほかの社員には秘密にしておいてほしい」と告げます。このとき倒産の件は「みんなが知っている」けれども、「『みんなが知っている』ことは誰も知らない」という状況が生まれます。

　ところが、もし社長が社員全員の前で「うちの会社は来月倒産します」と発表したらどうでしょう。この場合、倒産の件は「みんなが知っている」だけでなく「『みんなが知っている』ということをみんなが知っている」という状況になります。

　さらにいえば「『みんなが知っている』ということをみんなが知っている」ということも、みんなが知っています。ほら、P39でみた「『『{みんなが知っている}ことをみんなが知っている』ことをみんなが知っている」ことを……

という、無限の入れ子構造が発生しますね。**この状況こそ情報が対称であるということ**です。そしてこのような情報のことを**コモンナレッジ（共通知識）**といいます。

　こんな問題を考えてみましょう。

　AとBは2人組のお笑い芸人で、2人で1つの控室を使っています。廊下には出演者やスタッフ用にお弁当が置かれていて、それを各自が控室に持ち帰って食べることになっています。お弁当の中身は蓋を開けてみないとわかりません。AとBが2人で控室にいるときにマネージャーが入ってきてこういいました。

「廊下のお弁当が残り3つだから早めに取って食べてくださいね。
　今日は『シャケ弁当』と『唐揚げ弁当』の2種類あるのですが、
　　『唐揚げ弁当』はあと1つしか残っていません」

それを聞いたＡとＢは廊下から弁当を１つずつ持ち帰り、互いに見えないように蓋を開けました。そのときの会話が、以下です。

　Ａ：「お前の弁当って何？」
　Ｂ：「教えない。でもたった今、お前の弁当が何かがわかった」
　Ａ：「じゃあ、俺もわかった」

　さて、これだけの会話でＡとＢのお弁当の内容を特定することはできるでしょうか。答えを読む前に、少し考えてみてください。

　では、解説です。与えられた情報を書き並べてみましょう。

> ・お弁当は残り３つである
> ・種類は「シャケ」か「唐揚げ」である
> ・「唐揚げ」は１つしか残っていない

　これは、Ａ、Ｂ２人の前でマネージャーがいったことですから、**２人はこのことを知っていますし、お互いがそのことを知っていることを知っています。**ここがとても重要なポイントです。
　ＡはＢに対して「お前の弁当って何？」と聞きました。これを聞いてＢはこう考えます。「Ａは**『唐揚げ』が１つしかないことを知っている**のだから、自分の弁当の中身が『唐揚げ』ならすぐに私の弁当が『シャケ』であることはわかるはずだ。それがわからなかったということは、Ａが取ったのは『シャケ』である」。

ＢはＡに「たった今、お前の弁当が何かがわかった」と告げます。Ａはこう考えます「『たった今』わかったということは、私の質問を聞くまでＢは自分の弁当を特定できていなかったということ。つまり（さっき同じ理由で）Ｂが取ったのは『シャケ』だ」。

　この問題を解くにあたって、**マネージャーがいったことがコモンナレッジになっている**ことは極めて重要です。例えばマネージャーがこの情報をＡとＢに個別に伝えていたとすれば、お互い同じ「情報」は知っていても、相手が知っているかどうかは知らないという状況になります。その場合、この問題は成立しなくなります。

扉 の 解 説

起こり得ます。例えば本文中の、イギリスとドイツの情報戦において、ドイツが「イギリスが自国の暗号を解読できている」という情報をどこかからつかみ、それに気づいていないフリをしてわざとウソの情報のやり取りをしてイギリスを翻弄しようと考えたとしましょう。このとき「『〖｛【ドイツが知っている（通信内容）】ことをイギリスは知っている｝ことをドイツが知っている〗ことをイギリスは知らない」という状況が生まれます。

COLUMN
ゆるい用語事典⑲

ユニーク

日常では「珍しい」とか「面白い」という意味で使われることが多いので、数学で「微分方程式の解がユニークに定まる」などといわれると、どんなふざけた答えがでてくるのかとあらぬ期待をしてしまうかもしれない。しかし、ユニークの本来の意味は「ただ1つ」。残念なことに、面白さの要素は皆無である。

数学においてある条件を満たすような対象が存在する（exist）かどうか、そして存在するとすればそれはただ1つ（unique）であるかどうかは、しばしば極めて重要な問題となる。

給食のときに鼻から牛乳を出してみせるやつは確かにユニークなやつではあるが、どこの学校にも1人はいそうだという点おいて、「数学的にユニーク」とはいえない。

COLUMN
ゆるい用語事典⑳

トリビアル

「ここの証明はトリビアルですから……」。

大学初年度の数学の授業で先生が連発する摩訶不思議な言葉である。なんとなく語感が「トレビアン」に似ているが、もちろん先生は感極まっているわけではない。トリビアルとは日本語で「些細なこと」「明白であること」の意味。かつての人気番組「トリビアの泉」のトリビアと語源は同じである。へえー。

「トリビアル＝明らか」という言葉はなにかと悩ましい言葉である。どのレベルで話をしているかによってなにが明らかでなにが明らかではないかは変わるもので、大学の先生にはトリビアルなのかもしれないが、学生にとってはちっともトリビアルではなかったりする。

148

テーマ 12

数学的帰納法と入れ子構造

問題の中に同型の問題を見つける

ある中華料理店では、無料券をもっていると餃子が1皿ついてきます。そしてその無料券は、餃子を1皿食べるともれなくもらえます。ひょっとして私たちは、永遠に無料で餃子が食べられるのではないでしょうか。

解説は P.160 へ！

「増やす」と「入れる」
単純な構造を複雑にする方法

　なにか新しいものをつくろうとするとき、僕は、既存のものをよく観察します。そこに付加されているいろいろな装飾をどんどん取り除いていき、これ以上なにかを取り除けば本質が失われるという状態にすると、そこに残るのはそのアイデアの最も単純な形態。いわばアイデアの核というべきもの。その核を、今度は自分なりに成長させていくと、いままでにない面白いアイデアが生まれたりします。

　僕は知恵の輪パズルが好きなのですが、いろいろなパズルを観察してみると、そこに頻繁に現れる形があることに気がつきます。その「最も単純な形態」の1つが、次のようなものです。

　上図左では、右の柱に紐がかかっています（IN）。これを上図右の紐が外れている状態（OUT）にしなさい、というパズル（正解は下図）。

　もちろんこれだけではパズルとしては少し物足りません。そこで次

にこのパズルを難しくする方法を考えてみましょう。

　方向性はいくつかあります。1つは単純に**数を増やす**ということ。例えば、同じ構造を2段積み重ねたタワーを作ってみましょう。

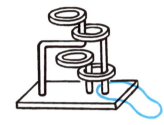

このパズルは先程と同じ操作を2回繰り返せば解くことができます。

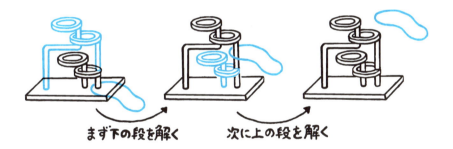

　この構造には**拡張性**があり、タワーを3段、4段……と、いくらでも高くすることが可能です。ただ、このように拡張しても、いわばドアにかけられている鍵の個数を2個、3個と増やしていくようなもので、基本的には1個のときの作業を繰り返すだけ。パズルとしては少し単調ですね。

　そこでもう1つの方向性を考えます。それは、このパズルを入れ子にするというものです。ロシアのマトリョーシカ人形を思い浮かべてみてください。人形の中にひと回り小さい人形が入っており、その人

形の中にもまたひと回り小さい人形が入っていて……。

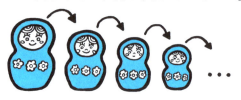

入れ子構造

　これと同じように ある問題の中に自分自身と同型のひと回り小さな問題が含まれているという構造を入れ子構造といいます。先程のパズルをこの構造にしてみると以下のようになります。

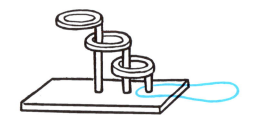

　まず、なぜこれが「入れ子構造」といえるのかを見ていきましょう。柱の数が3本なので、これを「**3本の問題**」と呼ぶことにしましょう。最初の基本型は柱の数が2本なので「**2本の問題**」です。

　私たちはすでに「2本の問題」を解くことはできています。2本の問題のスタート状態を「2本 IN」、最終状態を「2本 OUT」と呼ぶことにすると、私たちは「2本 IN」の状態を「2本 OUT」の状態にすることもできますし、その操作を逆にすれば「2本 OUT」の状態から「2本 IN」の状態にすることもできます。

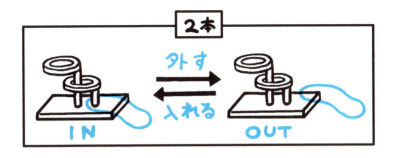

　これを踏まえて「3本の問題」を考えていきましょう。下図左の「3本IN」の状態がスタートです。いきなりゴールを目指すのは大変なので、まずは下図右の「中間地点1」を目指すことにします。

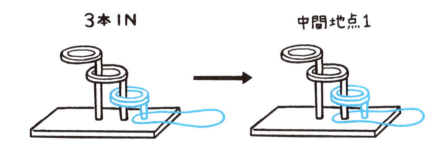

　ここで、**一番右の柱を透明にしてみます**。この柱をなくしてしまえば、実質、この問題は「2本OUT」の状態から「2本IN」の状態にするのとまったく同じであることに気づくのではないでしょうか。「2本の問題」ならすでに解けているのですから、この移動を実現することは可能です（具体的には一番右の柱の輪に下から紐をくぐらせた状態から「2本OUT → 2本IN」の解法を実行すればいいのです）。

「中間地点1」の状態にしてしまえば、一番右の柱から紐を抜いてしまうことができます。こうしてできた状態を「中間地点2」とします。

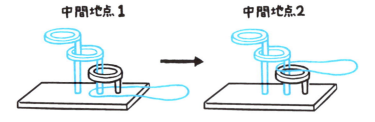

ここまでくれば、実質一番右の柱はないのと同じです。ここから紐を外すには「2本IN」の状態から「2本OUT」の状態にすればいいのですから、これも「2本の問題」の解法を使えば実行可能ですね。

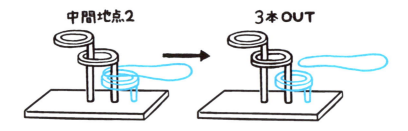

3本の問題の解法をチャートにまとめると次のようになります。

「3本の問題」の解法に「2本の問題」の解法が2回（OUTからIN、INからOUT）内包されていることがわかるでしょうか。これが**問題が「入れ子」になっている**ということの意味です。

　そしてここからがさらに面白いところなのですが、この構造にも当然、拡張性があります。次に「4本の問題」を考えてみましょう。これも、たったいまつくった「3本の問題」の解法を2回使うことで解くことができるのです。

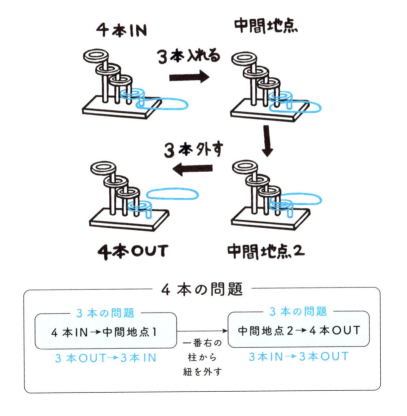

同じようにして「4本の問題」が解ければ「5本の問題」が解けますし、「5本の問題」が解ければ「6本の問題」が解けます。このように階段を一段ずつ上っていけば、一般に「n本の問題」を解くことができることがわかるはずです。

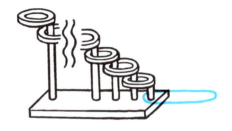

　最初に考えたタワー構造では、階数が増えていってもそれを解く手間は2倍、3倍と、個数に比例して増えていくだけでした。

　ところが、入れ子構造は違います。ある問題を解くためには、それより1つ小さい問題を2回解かなければなりません。単純に考えて問題を解く手間は、柱が1つ増えるごとに(約)2倍になります。「2本の問題」を解く手間を1とすれば、「3本の問題」を解く手間は2、「4本の問題」を解く手間は4と、**指数的**にその手間が増大していく。当然、**その手順の複雑さも指数的に増大**してきます。このように、あっという間に状況が複雑化してしまうのが「入れ子構造」のとても面白いところです。

　ちなみにこの構造で柱を9本にしたものが、中国の古典的な知恵の輪である**九連環**（きゅうれんかん）の構造になります。解くのに数十分はかかる複雑なパズルですが、これが最初に見たあの単純な形状を発展させるだけでつくれるということに驚きを感じます。

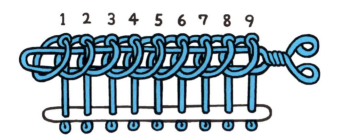

 数学的帰納法
ある問題はそれより小さい問題に帰着できる

「世界のルールを推測する」という章（P99）で「1や2や3で成り立つなら一般のnでも成り立つのではないか」という考え方を**帰納的な推測**ということ、そして**帰納的に導かれた結論は「数学的には『正しい』とは限らない」**という話もしました。

ここで、先程のパズルについてもう一度みてみましょう。

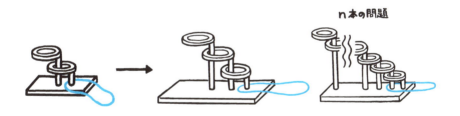

私たちは、柱の数が2本、3本、4本のパズルについて、それが解けることを確認し、一般に柱の数がn本になってもこのパズルも解けるのだという結論を導き出しましたよね。でも、これって、上の「**帰納的な推測**」となにが違うのでしょうか。

実は、ここには、とても大きな違いがあります。重要なのはこのパズルが「ある問題はそれよりひと回り小さい同型の問題に帰着できる」という入れ子構造をもっていたことです。これは

> ある本数の問題が解けるのであれば
> 柱を１本増やしてもその問題は解ける

ということを意味しています。大切なのは、これが演繹的に導かれる推論だということです。さらに私たちは

> 「２本の問題」は解ける

ということを確認しました。だから、演繹を繰り返し使って

「２本の問題」が解けるので「３本の問題」は解ける
「３本の問題」が解けるので「４本の問題」は解ける
「４本の問題」が解けるので「５本の問題」は解ける
：
と、どこまでも先に進んでいくことができ、一般に
「n 本の問題」は解ける
にたどりつくことができます。演繹を繰り返した結果として得られた結論ですから、これ全体も１つの演繹になります。つまりこうして得られた事実は、正真正銘、数学的に正しい事実なのです。
　この論法はいわゆる「ドミノ倒し」に似ています。

> あるドミノが倒れれば、その次のドミノも倒れる

という条件を満たすようにドミノが並んでいるとしましょう。ここで

> １番目のドミノが倒れる

ということが確かめられたのであれば、

> すべてのドミノが倒れる

という結論を得ることができます。

　この「ドミノ倒し」の論法は**数学的帰納法**と呼ばれています。「帰納法」という名前がついていますが、先程見たように、これは<u>**れっきとした演繹法**</u>です。

　複雑な問題を解こうとするときは、まずその問題の<u>**一番単純な形を考えてみる**</u>。それが解ければ、そこから<u>**小さな演繹を積み上げていけば、本来解きたかった問題も解ける**</u>はず。これは多くの問題に適応できるとても重要な考え方です。

COLUMN
ゆるい用語事典㉑

一 般 化

　ある特定のときだけに当てはまることが、実はもっと多くの場合に当てはまるのではないかと考える、いや、ときには無理矢理そういうことにしてしまおうと考える、数学者に典型的な思考パターンのこと。

　より具体的には、1、2、3などの値で成り立っている命題が、実はどんな自然数 n に対しても成り立つ命題ではないかと考えるのが一般化である。

　数学者は例外が存在する法則は嫌うが、逆に一般化できるものには異様にテンションを上げる。例えば数学の歴史において「虚数」という、あるのかないのかもわからない数は、当初、数の異端児として扱われてきた。ところがある数学者が「虚数を認めるとすべての n 次方程式が n 個の解をもつようになる」という一般的な法則を発見したとたん、この不思議な数は、一躍数学の表舞台に祀り上げられることになった。数学者は一般化のためなら多少の無理には目をつむるらしい。

　数学者は世の中のありとあらゆるものを一般化したがるクセがあり、これはもう、本能に近い。「1、2、3！」といわれて「ダー」と応えるのがアントニオ猪木なら、「1、2、3！」といわれれば「n」と応えるのが数学者だ。

　n 人 n+1 脚、n 角関係、マツケンサンバ n

　数学者に一般化できないものなどない。

扉 の 解 説

おそらく中華料理屋のキャンペーン終了と同時に、この予想は否定されることになるでしょう。しかしあなたがこのたった1枚の割引券から「無限」個の餃子を頭の中にイメージできたとしたら、数学的帰納法の考え方はあなたの頭の中にすでにインストールされていることになります。数学的帰納法とは「有限」の世界に生きる我々が「無限」を頭の中に召還するための手続きなのです。

テーマ 13 合理と不合理
合理から不合理が生み出される

とあるコーヒーショップの階段で見つけた看板。「Watch your step（足もとに注意）」と書かれています。これって、何か変ではないでしょうか？

解説は P.174 へ！

合理な不合理
理性的に深く処理すると理不尽が生まれてしまう

　将棋の生配信を見ることにハマっています。

　最近の将棋中継では、AIがリアルタイムに局面を分析し、どちらがどれくらい優勢であるかを「**勝率**」という形で画面に表示してくれます。さらに、棋士が次にどの手を指せば勝率がどれくらい変動するかも教えてくれます。これによって、僕のような駒の動かし方がかろうじてわかる程度の素人でも、まるで格闘ゲームを見るかのように、棋士の１手１手に一喜一憂できるようになりました。もちろん、AIの評価値だけが絶対的な指標ではないことは十分に理解したうえで、**AIによる戦況の「可視化」が、将棋を見るという体験の質を大きく変えた**のは間違いないと思います。

　面白いのは、たまに、解説者が、AIが推奨する最善手を見て「**これは人間には指せない手ですね**」などと指摘することがあることです。

将棋は、次にどの駒をどう動かすかによって、局面がどんどん枝分かれしていきますので、先を読めば読むほど、途方もない数の局面を分析しなければなりません。当然、人間の頭で読める量には限界があるのですが、コンピュータはその限界を超えたはるか先まで、どんどん深く読み進めることができます。

テーマ 13

合理から不合理が生み出される

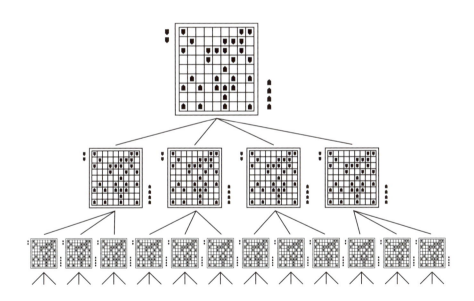

1つの局面で次に指す有力な手を3〜4手に絞ったとしても、15手先の局面では50億ほどの枝分かれができてしまう。いわゆる「指数爆発」と呼ばれる現象である。

さらにいえば、コンピュータは感情に左右されることがありません。人間が直感的に「危険」と感じて避けてしまうような手でも公平に分析し、その先にある、細くはあっても有利になる筋を見つけ出してしまうこともあります。

　そういう要因が重なったとき、コンピュータが、人類トップクラスの頭脳をもつプロ棋士をもってしても理解できないような「変な手」を示すことがあるのです。これが曰く「**人間には指せない手**」です。

　合理性が回りすぎた結果、人間には理不尽だと思える結論が出てしまう。こういう現象に、僕はとてもゾクゾクしてしまいます。いわば**合理的な不合理**。この現象を観察できる、とても面白い論理パズルを紹介しましょう。

問題

10人からなる海賊団が、60枚の金貨をどのように分配するかを決める会議を開きます。会議は次のように進行します。

①最年長者が金貨をどのように分配するかを提案する

②その提案に対して全員（提案者も含む）で多数決を取る。賛成が半数以上であれば可決、半数未満ならば否決

③提案が可決された場合は、その提案通りに金貨を配分して終了

④提案が否決された場合は、提案者を海に投げ込み、残った海賊で会議を①からやり直す

あなたは10人の中で最年長者なので、最初の提案をしなければなりません。海に投げ込まれず、なおかつ自分のもらう金貨の枚数を最大にしようと思ったとき、あなたはどのような提案したらいいでしょうか。

ここで、大切な前提を確認しておきます。
・分配は「金貨3枚」とか「金貨5枚」のように金貨単位で行います。金貨を半分に割ったりすることはできません。

- 金貨を1枚ももらえない人がいてもかまいません。
- 年齢は全員異なり、また全員が全員の年齢を把握しています。
- 海賊は頭がいいうえに極めて利己的で、常に自分の利益を最大にするための行動を取ります。ただし、自分が利益を損なわずに誰かを海に投げ込めるならそちらを選びます。

これらの前提は「全員が知っている」し、さらにいえば「全員が知っている」ということも全員が知っています。 P145で解説した言葉を使えば、これらはこの問題における コモンナレッジ です。

以下、考えやすいように、海賊は年齢の若い順に1、2、3……10と、番号づけされているとしましょう。

まず、すぐに思いつくのは全員に均等に6枚ずつ金貨を配るという公平な提案です。直感的には誰からも不満の出ないベストな方法である気がしますよね。

1	2	3	4	5	6	7	8	9	10
6	6	6	6	6	6	6	6	6	6

いや、でもちょっと待ってください。提案は半分以上の賛成があれば可決されるのですから、自分を含めた5人を味方につけさえすれば

いい。であれば年長者5人で12枚ずつ山分けするという提案が通るはずです。

1	2	3	4	5	6	7	8	9	10
0	0	0	0	0	12	12	12	12	12

この5人で結託

年少者には申し訳ないですが、あくまで利己的に考えるのであればこれこそがベストの提案ではないでしょうか。

う〜ん、残念ながらどちらも不正解。驚くかもしれませんが、どちらの提案をしても、あなたは海に投げ込まれることになります。

先にいっておくと、この問題の答えは**人間の直感では到底理解できないもの**になります。読み進める前に少し考えてみるのもいいでしょう。

それでは解説していきます。このような問題を解くコツは、問題を**一番小さくして考えてみる**ことです。

まず、海賊が2人だけだったとしましょう。若い順に海賊1、海賊2です。このとき提案者（海賊2）は「**自分が60枚すべての金貨をとる**」という提案を通すことができます。当然海賊1は反対するでしょうが、提案者が賛成すればその時点で「半数以上」の賛成になるのですから、どんな理不尽な提案も可決できるわけです。

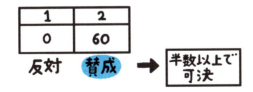

では、それを踏まえて海賊が3人の場合を考えてみましょう。このとき海賊3は「**自分が金貨59枚をもらい、海賊1に金貨1枚を与える**」という提案を通すことができます。

　海賊2はこの提案に反対します。しかし海賊1はこの提案を否決すれば、1つ前の結果から、次のラウンドでは海賊が2人になってしまうため、自分が1枚も金貨をもらうことができないことが確定します。

　だから金貨が1枚でももらえるこの提案に乗るしかないのです。したがって、この提案は提案者（海賊3）と海賊1の2人の賛成により可決されます。

1	2	3
1	0	59

賛成　　反対　　賛成　➡　半数以上で可決

　では海賊が4人の場合はどうでしょう。このとき海賊4は「**自分が金貨59枚をもらい、海賊2に金貨1枚を与える**」という提案を通すことができます。海賊1と海賊3は、この提案に反対しますが、海賊2はこの提案を否決してしまえば、1つ前の結果から次のラウンドでは自分が1枚も金貨をもらえないということが確定するので、この提案に必ず賛成します。したがって、この提案は提案者（海賊4）と海賊2の2人の賛成により可決されます。

1	2	3	4
0	1	0	59

反対　　賛成　　反対　　賛成　➡　半数以上で可決

このように海賊の人数を1人ずつ増やしていったとき、提案される金貨の配分は、常に1つ前の結果を利用することで決まっていきます。具体的には「1つ前の結果で金貨がもらえない海賊にのみ1枚だけ金貨を与え、残りは自分がもらう」という提案をすればいいのですね。こうして積み木を積むように思考を重ねていけば（これはまさに「数学的帰納法」の考え方です）、最終的に海賊の人数が10人のときの配分にたどりつきます（下表）。

	1	2	3	4	5	6	7	8	9	10
2人	0	60								
3人	1	0	59							
4人	0	1	0	59						
5人	1	0	1	0	58					
6人	0	1	0	1	0	58				
7人	1	0	1	0	1	0	57			
8人	0	1	0	1	0	1	0	57		
9人	1	0	1	0	1	0	1	0	56	
10人	0	1	0	1	0	1	0	1	0	56

●は賛成する人

以上より、あなた（海賊10）がするべき提案はこうなります。

自分が金貨56枚をもらい、

海賊2、海賊4、海賊6、海賊8に金貨を1枚ずつ与える

　こんな、どう考えても無理筋な提案が、全員が完全に合理的な思考の持ち主であるがゆえに通ってしまうというのは、ちょっと信じがた

いですよね。

先程の言葉を借りるなら、これは「人間にはできない提案」です。普通の人間は、このような何重もの複層的な推測を瞬時に行うことはできませんし、さらにいえば人間には感情があるため、あまりに不平等な提案をされたときに、自分のわずかな得を取るよりも相手に得をさせないようにしたいという心理が働きます。

そう考えると、コンピュータが叩き出すであろうこの合理的な判断は、**人間界ではむしろ悪手**。結局は「全員で平等に分配する」という**「不合理」な判断が人間的な正着**ということになるのでしょう。

AIが、このような人間の「不合理な合理」を理解できる日はくるのでしょうか。もしそうなれば、将棋AIは、よりプロ棋士の直感に沿う「人間的な」最善手を判断して示すこともできるようになるのかもしれません。

 不合理な不合理
AIは刑事ドラマの夢を見るのか

「あなたが部屋にいたと証言したその時間、あのマンションでは火災警報器が故障して音が鳴り止まず、大きな騒動になっていたそうです。もし、あなたが部屋にいたとしたら、そのことに気がつかなかったはずはないんです」。

古畑任三郎に扮する田村正和さんの声で脳内再生できそうなセリフ（なお、実際にはこんなシーンはありません）。このような「**気づけた**

はずのことに気づかなかった」ということがアリバイ崩しの決め手となるような刑事ドラマをたまに目にするのですが、僕はこういうシーンを見ると「弱ったなぁ」と思ってしまうのです。というのも、僕は、何かに集中すると別のことがまったく見えなくなるたちで、誰もが気づくものに気づかない、なんていうことは日常茶飯事だからです。

例えば、明日仕事にもっていかなければいけない大事な封筒があったとします。絶対に忘れないようにと前日の夜に玄関のど真ん中、出かけるときにどうやったって目に入るところにその封筒を置いておきます。それで次の日、僕はその封筒をまんまと忘れていってしまうのです。いや、どう考えたって目に入らなかったはずはないでしょ、と自分でも思うのですが、それを堂々とまたいで出かけているのです。

また、まだ電子決済が普及する前のことですが、コンビニで支払いをするときに、お釣りの小銭とレシートをもらったら、小銭を財布の中にしまい、レシートは必要ないのでレジ横の箱に入れていくというのが僕の中のルーティーンになっていました。ところがあるとき、僕は、何を思ったかレシートを財布の中にしまい、受け取った小銭を勢いよくその箱の中に投げ入れてしまったのです。店員はびっくりした

顔をしていましたが、それ以上に僕がびっくりしました。

　こういう行動は刑事ドラマ泣かせでしょうね。「なぜ彼は封筒に気がつかなかったのか」。「なぜ彼はここで小銭を箱の中に投げ入れたのか」。そんなこと、考えても無駄です。やった本人でさえ、なぜだかわからないのですから。もはや「ただ不合理なだけの不合理」です。

　こういうシーンは小説や映画などには決して現れません。「チェーホフの銃」という作劇における基本的なルールがあります。それは

物語の序盤に拳銃が登場したら
それは後半に必ず発砲されなければならない

というもの。言い方を変えれば、登場する必然性がないものを物語の中に登場させるべきではないという考え方です。これはミステリーのような、謎解きをテーマとするフィクションでは特に厳格です。人は善良な市民であれ、殺人者であれ、必ず理にかなった行動を取る、仮に無駄に見えたり理不尽だと思われる行動を取ったとしても、それには後から必ずなんらかの説明がつく、いわば「意味のある無駄」であり「理にかなう理不尽」でなければならない。

　鑑賞する側も、そういう物語のありようにすっかり慣れてしまいま

した。例えば連続ドラマの第1話で「男がお釣りを唐突にレジ横の箱に投げ入れる」というシーンがあったとしましょう。たちまちSNSでは考察班が立ち上がるでしょう。

「彼はなにかに苛立っていたのか？」

「違う、男と店員は諜報員で情報を交換していたに違いない」

「もしかして硬貨（＝高価）と箱で宝石箱というメッセージなのでは？」

　さんざん盛り上がった挙げ句、結局、そのシーンに対して何の説明もないまま最終話まで終わったとしたら、今度は「ふざけんな」とたちまち批判、非難の大炎上状態となることは間違いありません。

　でも、考えてみれば、私たちのリアルなんてそんなものではないでしょうか。前フリでも、匂わせでもない。ましてや後から伏線回収されるわけでもない。ただ意味のないことが意味もなく起き、ただ不合理なだけの不合理が起こる。でも、もし**AIがどんなに進歩しても絶対に再現できないことがあるとすれば、人間のそういう愛すべき不合理性**なのではないでしょうか。

　ある先生の授業の内容より、その合間にしたどうでもいい雑談のほうが、ずっと記憶に残っていることがあるように。ものすごくエレガントな数学の論文よりも、その数学者が本の端に走り書いたたわいのない落書きや試行錯誤の跡に、その人の数学観が深く刻まれているように。

　編集で切り捨てられるであろう部分。模範解答には現れない部分。無駄で、不合理で、辻褄が合わないことこそが、実は人間を一番人間たらしめている。

　京都大学の数学入試の問題冊子の注意書きにはこのような文言が添

えられています。

> 解答のための下書き、計算などは、計算用ページまたは余白ペー
> ジに書いて、残しておいてもよい。

　これって、人生において何かとても大切なことをいっているように、
僕には思えるのです。

扉　の　解　説

本当に注意をうながしたいならこの注意書きの位置はおかしいです。この注意書きが見えている人は、その時点でこの注意を守れていることになりますし、逆に本当にこの注意書きが必要な人には、この注意書きは目に入りません。

COLUMN
ゆるい用語事典㉒

背 理 法

　結論を否定するとなんらかの矛盾が導かれることを述べ、そのことによって結論の正しさを示す、というちょっと回りくどい証明法。演繹のような直接的な証明に対して、背理法は、示すべきこととは直接関係のなさそうな数学的真理に論拠を落とし込んでいくので、間接証明と呼ばれる。

　まったくの余談だが、40代後半以降の世代の人たちがこの言葉を聴くと丸大ハンバーグのCM「♪ハイリハイリフレハイリホー♪」が頭に流れてくる。

COLUMN
ゆるい用語事典㉓

も っ と 抽 象 的 に 話 し て く だ さ い

　日本の数学者、吉田耕作先生が、ある数学者の発表を聞いて言い放った素敵な名言。
「あなたの話は具体的なのでわかりにくい。もっと抽象的に話してください」。
　世間の感覚からすればなかなかのぶっ飛び発言。一般の人にとっては、「抽象」とはわかりにくく、ときに真実を覆い隠すための煙幕のようなものだ。テレビの討論番組では「抽象的なことをいうな」「具体例を出せ」なんて怒っている人がいるぐらいだから。

　しかし数学者は「抽象」こそが最もわかりやすい言葉であり、真理に近づくことができる最良の方法だと信じている。数学者は自分の思いを少しでも人に届けたいというその一心で、人にわからない記号をつくり、人に理解されない言葉をしゃべる。村人に親しまれようと必死に努力する赤鬼の話みたいに。一般人に理解されない数学者のジレンマが透ける悲しくも美しい言葉である。

● 著者

池田洋介（いけだ ようすけ）

大手予備校の数学講師。著書に受験参考書『入門問題精講』シリーズ（旺文社）、『こういう数学のはなしなら面白い』（KAWADE夢文庫）などがある。もう1つの顔である、パフォーマー、演出家、舞台MCとして、2015年ドイツのニューカマーショーでバリエテ賞を受賞。その後、ジュネーブ国際会議のディナーショーやテニスのモンテカルロマスターズのガラショーに招致されるなど、20か国以上でショーを行っている。クリエイターとしての評価も高く、2021年にはAlgoLoop（知育玩具。2022年のベスト・トイ大賞、芸術と文化賞のダブル受賞）を、2022年にはHAGURUMA（からくり看板）を商品化し、いずれも大きな反響を呼んだ。

STAFF

イラスト／鈴木裕之　装丁・本文デザイン・DTP／大場君人
編集協力／有限会社ヴュー企画（佐藤友美）　校正／関根志野
企画・編集／朝日新聞出版　生活・文化編集部（塩澤 巧）

参考文献／『パズルでめぐる奇妙な数学ワールド』（早川書房）

日常の見え方がちょっと変わる
ゆる数学思考

著　者	池田洋介
発行者	片桐圭子
発行所	朝日新聞出版
	〒104-8011
	東京都中央区築地5-3-2
	（お問い合わせ）infojitsuyo@asahi.com
印刷所	TOPPANクロレ株式会社

© 2024 Yousuke Ikeda & Asahi Shimbun Publications Inc.
Published in Japan by Asahi Shimbun Publications Inc.
ISBN 978-4-02-333413-7

定価はカバーに表示してあります。
落丁・乱丁の場合は弊社業務部（電話03-5540-7800）へご連絡ください。
送料弊社負担にてお取り替えいたします。

本書および本書の付属物を無断で複写、複製（コピー）、引用することは著作権法上での例外を除き禁じられています。
また代行業者等の第三者に依頼してスキャンやデジタル化することは、
たとえ個人や家庭内の利用であっても一切認められておりません。
本書は2024年8月末時点での情報を掲載しております。